Dipl. iur. oec. univ. Dominique Christ, MBA

Kontrollrisiken beim Wechsel von ehemaligen Vorstandsmitgliedern in den Aufsichtsrat

VDV

Bibliographische Information der Deutschen Bibliothek

Die Deutsche Bibliothek verzeichnet diese Publikation in der Deutschen Nationalbibliographie; detaillierte bibliographische Daten sind im Internet über http://dnb.d-nb.de abrufbar.

1. Auflage 2009

Fotonachweis Cover: Corgarashu (Fotolia)
Herstellung: BOD GmbH, Norderstedt
ISBN-13: 978-3-9811923-1-5

Inhalt

Geleitwort

Der Wechsel ehemaliger Vorstandsmitglieder in den Aufsichtsrat betrifft eines der wichtigsten und am intensivsten diskutierten Probleme der neueren Corporate Governance-Diskussion. In der Vergangenheit haben bis zu 50 % der DAX-Unternehmen einen solchen direkten Wechsel von Vorstand in den Aufsichtsrat vorgenommen, obwohl der Deutsche Corporate Governance Kodex dies untersagt.

Dominique Christ hat in seiner Arbeit zahlreiche einschlägige Einzelfragen thematisiert. Dazu gehören etwa die Loyalitätspflicht der Aufsichtsratsmitglieder, die Unabhängigkeit der Aufsichtsratsmitglieder sowie die Behandlung von Interessenkonflikten. Methodisch werden rechtstatsächliche und betriebswirtschaftliche Ansätze berücksichtigt. Weiterführend sind die Überlegungen zur Durchsetzung der Inkompatibilität einer früheren Vorstands- und künftigen Aufsichtsratstätigkeit. Zu Recht kritisiert Dominique Christ die jetzige Form des deutschen Corporate Governance Kodex als zahnlosen Tiger. Er knüpft an Erfahrungen aus dem angloamerikanischen Rechtskreis an, um die Einführung aufsichtsrechtlicher Maßnahmen zu fordern. Die vorliegende Arbeit stellt eine bemerkenswerte Leistung dar, die eine Reihe von Denkanstößen und Gestaltungshinweisen enthält und einen breiten Kreis von Lesern verdient.

Augsburg, im Februar 2009 Professor Dr. Thomas M. J. Möllers

Vorwort

Das vorliegende Buch entstand als Diplomarbeit im Sommer 2008 an der Universität Augsburg. Literatur und Rechtsprechung wurden bis zum November 2008 berücksichtigt.

Mein herzlicher Dank gilt Herrn Prof. Dr. Thomas M. J. Möllers für die Betreuung der Arbeit, die vielen hilfreichen Diskussionen und Anregungen sowie für das jederzeit entgegengebrachte Interesse am Fortgang der Arbeit. Bedanken möchte ich mich auch bei Herrn Prof. Dr. Michael Kort für die zügige Erstellung des Zweitgutachtens.

Herrn Dr. Thomas Wenninger möchte ich für die vielfältige Unterstützung durch anregende Diskussionen, kritische Anmerkungen und zahlreiche Literaturhinweise sehr danken. Ich danke Moritz Glahe, Monika Buhmann und Jeannine Parisius für die umfassenden Korrekturhilfen.

Besonders herzlicher Dank gebührt meinen Eltern, denen ich diese Arbeit widme. Ihre uneingeschränkte Förderung meiner Ausbildung hat die Anfertigung der vorliegenden Arbeit erst ermöglicht.

Augsburg, im Februar 2009 Dominique Christ

Einführung in die Thematik und Problemstellung

Wer sich nach einer langen Abwesenheit von zehn Jahren heute wieder mit dem Gesellschaftsrecht befassen würde, könnte die Welt nicht mehr verstehen: Regeln, die ohne gesetzliche Grundlage von einer Gruppe von zwölf Männern ohne eine entsprechende demokratische Legitimation aufgestellt wurden, enthalten Vorschriften für eine gute Unternehmensführung, deren Nichtbefolgung zwar nicht gesetzlich sanktioniert wird, von der Gesellschaft jedoch gemeldet werden muss.[1] Im deutschen und europäischen Gesellschaftsrecht hat sich viel getan: Börsennotierte Unternehmen müssen nun jährlich erklären, ob sie den Empfehlungen des Deutschen Corporate Governance Kodex (DCGK) entsprechen. Dieses private Regelwerk wurde seit seiner Einführung im Jahr 2002 beinahe jedes Jahr inhaltlich geändert, nicht zuletzt auch auf Initiativen der Europäischen Union.

Durch die Empfehlung der Europäischen Kommission zu den Aufgaben der nichtgeschäftsführenden Direktoren/Aufsichtsratsmitglieder sowie zu den Ausschüssen des Verwaltungs-/Aufsichtsrats vom 15. Februar 2005[2] (im Folgenden: Kommissions-Empfehlung) wurden die Mitgliedstaaten gezwungen, sich mit der Frage der Unabhängigkeit im Aufsichtsrat neu auseinanderzusetzen. Nach Auffassung der Europäischen Kommission kann ein Aufsichtsrat seine primäre Funktion – die Kontrolle des Managements – nur dann zufriedenstellend erfüllen, wenn er gegenüber den zu Kontrollierenden eine ausreichende Unabhängigkeit aufweist.[3] Damit erlangt ein in der Öffentlichkeit bereits seit mehreren Jahren kontrovers diskutiertes Thema praktische Relevanz:[4] Die weitverbreitete Praxis, dass ehemalige Vorstandsmitglieder nach ihrem Ausscheiden in den Aufsichtsrat wechseln und dort häufig sogar den Vorsitz übernehmen. Der Wechsel vom Vorstand in den Aufsichtsrat war in Deutschland bisher direkt und ohne weitere Einschränkung möglich. Dadurch ergaben sich weitreichende Spielräume, die von den Kapitänen der Deutschland AG dazu genutzt wurden, ein weitverzweigtes *Old-boys*-Netzwerk aufzubauen, in dem man sich untereinander kannte und Positionen absicherte.

Der Fall *Heinrich v. Pierers* zeigt aber, dass auch erfolgreichen Managern noch lange nicht ohne Weiteres die direkte Kontrolle der eigenen Amtszeit anvertraut werden kann. Die vorliegende Arbeit zeigt auf, dass sich aus dem Wechsel vom Vorstand in den Aufsichtsrat erhebliche Kontrollrisiken ergeben, die die Vorteile eines Wechsels deutlich überwiegen können. Daher wird auf Alternativen zu einem direkten Wechsel

1 Peltzer, Handlungsbedarf in Sachen Corporate Governance, NZG 2002, 593, 593.

2 2005/162/EG, Abl. L 52 v. 25.2.2005, S. 51 ff.

3 Erwägungsgrund Nr. 7 der Kommissions-Empfehlung.

4 Vgl. in jüngster Zeit den Antrag der FDP-Fraktion im Deutschen Bundestag „Professionalität und Effizienz der Aufsichtsräte deutscher Unternehmen verbessern" vom 12.11.08, BT-Drucks. 16/10885, abrufbar unter http://dip21.bundestag.de/dip21/btd/16/108/1610885.pdf.

umfassend eingegangen. Im Fall Siemens war die Öffentlichkeitswirkung von Herrn *v. Pierer* als Fokalperson des Unternehmens so groß, dass der Wert der Siemensaktien im Zuge des Schmiergeldskandals und der Verwicklung des Aufsichtsratschefs und vorigen Vorstandsvorsitzenden einbrach. Für den geschädigten Kleinaktionär stellt sich somit die interessante Frage, inwieweit sich die bisherigen gesetzlichen Vorgaben und die Empfehlungen des Deutschen Corporate Governance Kodex zum Wechsel vom Vorstand in den Aufsichtsrat denn auch durchsetzen lassen, um die noch näher zu untersuchenden Kontrollrisiken einzudämmen.

Die vorliegende Arbeit geht zunächst auf die Grundlagen des deutschen dualistischen Systems von Aufsichtsrat und Vorstand ein (Abschnitt A.). Nach einem kurzen geschichtlichen Überblick werden sowohl die Rechte und Pflichten des Vorstands, als auch die des Aufsichtsrats dargestellt und das deutsche dualistische System mit dem monistischen Board-System kontrastiert. In Abschnitt B. wird das von der Europäischen Kommission in ihrer Empfehlung zugrunde gelegte Verständnis von Unabhängigkeit mit dem bisherigen Verständnis im deutschen Aktienrecht und der auf die Empfehlung folgenden Änderung des DCGK kontrastiert. Dabei wird insbesondere versucht, den Begriff „Unabhängigkeit" näher zu konkretisieren. Im folgenden Abschnitt C. wird der Wechsel vom Vorstand in den Aufsichtsrat als besonderes Problem fehlender Unabhängigkeit herausgegriffen. Nach einem empirischen Überblick zum Wechsel ehemaliger Vorstandsmitglieder in den Aufsichtsrat wird der Versuch einer rechtlichen Einordnung anhand des deutschen Aktienrechts, der Kommissions-Empfehlung und insbesondere des Deutschen Corporate Governance Kodex unternommen. Die Gründe für einen Wechsel werden mit den möglichen Nachteilen und resultierenden Interessenkonflikten kontrastiert und die bestehenden rechtlichen Instrumente zum Umgang mit diesen Risiken untersucht. Der Abschnitt schließt mit einer eingehenden Untersuchung möglicher Alternativen zu einem direkten Wechsel. Im letzten Abschnitt (Abschnitt D.) wird schließlich auf die Rechtsdurchsetzung eingegangen. Dabei wird zunächst erörtert, welche Mechanismen das deutsche Aktienrecht zur Vermeidung und Sanktionierung von Interessenkonflikten bereitstellt. Daraufhin wird auf den vom DCGK intendierten Mechanismus der freien marktlichen Kontrolle eingegangen. Hier wird untersucht, inwieweit die Empfehlungen des DCGK akzeptiert und auch tatsächlich umgesetzt werden, und ob die Erklärungen der Unternehmen zum Kodex überhaupt für die Bewertung der Unternehmen am Kapitalmarkt eine Rolle spielen. Schließlich wird ausgehend von Beispielen in Großbritannien und den USA eine aufsichtsrechtliche Lösung von Interessenkonflikten im Aufsichtsrat durch die Bundesanstalt für Finanzdienstleistungsaufsicht (BaFin) diskutiert.

A. Das deutsche dualistische System der Aktiengesellschaft

Um die Forderung der Europäischen Kommission nach mehr Unabhängigkeit im Aufsichtsrat und einer klareren Trennung zwischen Geschäftsführung und Kontrolle besser einordnen zu können, sollen zunächst die Grundlagen des deutschen dualistischen Systems der Aktiengesellschaft erläutert und diese mit dem monistischen System angelsächsischer Prägung kontrastiert werden.

I. Geschichtlicher Überblick

Der Aufsichtsrat entstand als Vertretung der Anteilseigner, um das durch die Aufspaltung der ursprünglich einheitlichen Unternehmereigenschaft in die zwei Funktionen Eigentum und Geschäftsführung entstehende Prinzipal-Agenten-Problem zu entschärfen.[5] Die Aufgaben des Aufsichtsrats wurden zum ersten Mal einheitlich im Allgemeinen Deutschen Handelsgesetzbuch (ADHGB) von 1861 kodifiziert. Art. 225 ADHGB wies dem Aufsichtsrat zwar die Überwachung der Geschäftsführung zu, die Existenz des Aufsichtsrats war aber fakultativ und hing von der Aufnahme in die jeweilige Unternehmenssatzung ab.[6] Da die Satzungen der Gesellschaften dem Aufsichtsrat Geschäftsführungsaufgaben und Weisungsrechte an den Vorstand übertragen konnten, mischte sich der Aufsichtsrat häufig in die Angelegenheiten der Geschäftsführung ein.[7] Als sich der Staat im Zuge des aufkommenden Liberalismus mehr und mehr aus der Überwachung der Aktiengesellschaften zurückzog, wurde mit der Reform zum Allgemeinen Deutschen Handelsgesetzbuch von 1870 die Bestellung eines Aufsichtsrats für Aktiengesellschaften obligatorisch. Eine funktionale Trennung zwischen Unternehmensleitung und Kontrolle wurde zum ersten Mal im neu eingeführten Art. 225a ADHGB kodifiziert, der bestimmte, dass ein Vorstandsmitglied nicht gleichzeitig Mitglied im Aufsichtsrat sein konnte.

Im Frühjahr 1900 führte der durch Börsenspekulationen und Bilanzmanipulationen ausgelöste Zusammenbruch namhafter Aktiengesellschaften zu einer Diskussion über die Organisation des Aufsichtsrats und die funktionale Trennung der Organe.[8]

5 Baums, Der Aufsichtsrat – Aufgaben und Reformfragen , ZIP 1995, 11, 11. Das Prinzipal-Agenten-Problem entsteht durch die Delegation von Entscheidungskompetenzen durch einen Auftraggeber (Prinzipal) auf einen Beauftragten (Agent), der seinen Entscheidungsspielraum auch opportunistisch gegen den Prinzipal ausüben kann, vgl. Meinhövel, Grundlagen der Principal-Agent-Theorie, WiSt 2004, 470, 470.

6 Art. 225 ADHGB.

7 Reichelt, Die Institution des Aufsichtsrats in der deutschen Aktiengesellschaft, 1998, S. 44, 53 f. m. w. N.

8 Loeb, Das Institut des Aufsichtsrats, 1902, S. 14 f.

Die Vertreter einer Vereinigung von Vorstand und Aufsichtsrat konnten sich nicht durchsetzen; stattdessen wurde eine klare Trennung der Zuständigkeiten favorisiert, nach der dem Vorstand die Geschäftsführung obliege, die der Aufsichtsrat zu überwachen habe.[9] Zukunftsweisende Vorschläge, wie eine obligatorische Information des Vorstands für jede Aufsichtsratssitzung,[10] die Bildung von Ausschüssen zur effizienteren Kontrolle[11] oder eine Höchstzahl an Aufsichtsratsmandaten von maximal fünf Sitzen,[12] blieben ohne legislative Folgen. Der Börsenkrach in den USA und Deutschland vom Oktober 1929 löste die Weltwirtschaftskrise und damit eine Welle von Konkursen und Vergleichen aus, die 1931 ihren Höhepunkt fand.[13] Im Zuge der Aktienrechtsnovelle von 1931 wurden zwar bislang diskutierte Änderungen wie eine Höchstmandatszahl und eine obligatorische Jahresabschlussprüfung eingeführt, durch die Beibehaltung von § 246 Abs. 3 HGB bestand aber weiterhin die Option der statutarischen Übertragung von geschäftsführenden Aufgaben auf den Aufsichtsrat.[14] Mit Erlass des neuen Aktiengesetzes vom 30.1.1937[15] (AktG 1937) wurde mit dem neu eingeführten § 70 Abs. 1 AktG 1937 zum ersten Mal von einer eigenverantwortlichen Leitung der Gesellschaft durch den Vorstand gesprochen; § 95 Abs. 5 Satz 1 AktG 1937 untersagte zum ersten Mal ausdrücklich die Geschäftsführung durch den Aufsichtsrat und legte als Hauptpflicht die Überwachung der Geschäftsführung fest. Damit war das dualistische System der Spitzenverfassung deutscher Aktiengesellschaften, bestehend aus Vorstand und Aufsichtsrat, geboren.[16] Das Recht auf jederzeitige Berichterstattung durch den Vorstand, auf Einsicht in die Bücher sowie Informationspflichten des Vorstands machten die eindeutige Identifizierung des Aufsichtsrats als Kontrollorgan der Aktiengesellschaft unübersehbar.[17]

Reformansätze, die schließlich zum Aktiengesetz von 1965[18] führten, zielten stark auf eine gegenüber dem Aktiengesetz von 1937 veränderte Kodifikation des Weisungsverbots des Aufsichtsrats gegenüber dem Vorstand ab, da es sich in der Realität als nicht haltbar erwiesen habe.[19] Auf dem Deutschen Juristentag 1955 diskutierte man deshalb alternativ das Board-System angelsächsischer Herkunft, bei dem Kontrolle

9 Reichelt, Die Institution des Aufsichtsrats in der deutschen Aktiengesellschaft, 1998, S. 58.
10 „Berliner Tageblatt" vom 14.10.1901, o. S., zitiert nach Loeb, Das Institut des Aufsichtsrats, 1902, S. 24 f.
11 Warschauer, Die Reorganisation des Aufsichtsratswesens in Deutschland, 1902, S. 19 – 34.
12 Gemünd/Knödgen, Wie kann unser Aktienwesen gesunden?, 1901, S. 19, zitiert nach Reichelt, Die Institution des Aufsichtsrats in der deutschen Aktiengesellschaft, S. 60.
13 Reichelt, Die Institution des Aufsichtsrats in der deutschen Aktiengesellschaft, 1998, S. 63.
14 Reichelt, Die Institution des Aufsichtsrats in der deutschen Aktiengesellschaft, 1998, S. 71.
15 RGBl. I, S. 107, berichtigt S. 588, 1140, zitiert nach Reichelt, Die Institution des Aufsichtsrats in der deutschen Aktiengesellschaft, 1998, S. 73.
16 Reichelt, Die Institution des Aufsichtsrats in der deutschen Aktiengesellschaft, 1998, S. 77.
17 Reichelt, Die Institution des Aufsichtsrats in der deutschen Aktiengesellschaft, 1998, S. 74 f.
18 BGBl. I, S. 1089.
19 Reichelt, Die Institution des Aufsichtsrats in der deutschen Aktiengesellschaft, 1998, S. 77.

und Geschäftsführung in einem einzigen Organ vereint sind.[20] Gegen dieses System wurde eingewandt, aufgrund der unscharfen Abgrenzung der Funktionen ergäben sich Kompetenz- und Kontrollschwierigkeiten und die Unternehmensleitung würde unflexibel, sodass sich diese Idee nicht durchsetzen konnte.[21] Zudem wurde über das Verbot der Geschäftsführung durch den Aufsichtsrat (§ 95 Abs. 5 AktG 1937) diskutiert. Es wurde erwogen, das Machtmonopol des Vorstands zu brechen und dem inzwischen mitbestimmten Aufsichtsrat mehr Einfluss auf die Geschäftspolitik zu geben. Dem wurde entgegnet, dass dem Aufsichtsrat durch die Bestellung und Abberufung des Vorstands bereits ausreichende Autorität gegeben sei und eine Ausweitung seiner Rechte eine Kompetenzvermengung zur Folge habe. Stattdessen sollte der Aufsichtsrat durch eine Erweiterung der Informationspflichten in seiner Rolle als Überwachungsorgan gestärkt werden.[22] Im Ergebnis wurde also im Aktiengesetz vom 6.9.1965 an der strikten Trennung zwischen den Organen Hauptversammlung, Vorstand und Aufsichtsrat festgehalten.

Es zeigt sich somit, dass die strikte Trennung zwischen einem geschäftsführenden Vorstand und einem überwachenden Aufsichtsrat auch in Deutschland keineswegs von Anfang an in Stein gemeißelt war. Insbesondere aufgrund der über den Aufsichtsrat konstruierten Arbeitnehmermitbestimmung hat sich diese Trennung jedoch als deutscher Weg eines dualistischen Systems über die Jahre verfestigt. In jüngster Zeit gibt es jedoch bei deutschen Aktiengesellschaften einen Trend zur Aufweichung der strikten Trennung zwischen Vorstand und Aufsichtsrat.[23] Anstelle der eindeutigen Trennung von Führung und Überwachung tritt die Aufforderung, die Zusammenarbeit zwischen Vorstand und Aufsichtsrat zu verstärken.[24] In diesem Sinne fordert auch der Deutsche Corporate Governance Kodex ausdrücklich, dass Vorstand und Aufsichtsrat eng zusammenarbeiten,[25] dass der Vorstand die Unternehmensstrategie mit dem Aufsichtsrat abstimmt und deren Umsetzung regelmäßig mit dem Aufsichtsrat erörtert.[26]

20 Deutscher Juristentag, 1955, S. 31 f., 76.
21 Ebenso ablehnend die Begründung des RegE zur Verfassung der AG, s. Kropff (Hrsg.), Aktiengesetz, 1965, S. 13 – 18.
22 Deutscher Juristentag 1955, S. 31 f., 76 ff.
23 Böckli, in: Hommelhoff/Hopt/v. Werder (Hrsg.), Handbuch Corporate Governance, 2003, S. 201, 214 f.
24 Nicklisch, Die Auswirkungen des Sarbanes-Oxley Act auf die deutsche Corporate Governance, 2007, S. 89.
25 Ziffer 3.1 DCGK.
26 Ziffer 3.2 DCGK.

II. Rechte und Pflichten des Vorstands

1. Stellung des Vorstands

Der Vorstand ist neben dem Aufsichtsrat und der Hauptversammlung eines der drei gesetzlich vorgeschriebenen Organe der Aktiengesellschaft. Durch den Vorstand wird die AG als juristische Person willens- und handlungsfähig.[27] Gem. § 76 Abs. 1 AktG obliegt dem Vorstand die eigenverantwortliche Leitung der Gesellschaft.[28] Die Leitung ist ein Prozess, der eine Fülle von Entscheidungen umfasst und die strategische Führungsfunktion im Unternehmen bezeichnet.[29] In dieser Funktion handelt der Vorstand „unter eigener Verantwortung", d. h. ohne an Weisungen anderer Organe gebunden zu sein.[30] Zur Erfüllung der Leitungsaufgabe stehen dem Vorstand nach innen die Geschäftsführung[31] und nach außen die Vertretungsmacht[32] zu. Sowohl die Geschäftsführung als auch die Vertretungsmacht obliegt alleine dem Vorstand. Die grundlegende Rolle des Vorstands als Organ ist es also, das Unternehmen sowohl im Innen- als auch im Außenverhältnis zu führen und damit die Unternehmensleitung, -planung und -koordinierung wahrzunehmen.[33]

2. Treuepflicht des Vorstands

Aus den Befugnissen des Vorstands ergibt sich eine besondere Vertrauensstellung zur Gesellschaft, die eine Treuepflicht zur Gesellschaft begründet.[34] Sie verlangt mehr als der für den Inhalt und den Umfang von Leistungspflichten sich aus § 242 BGB ergebende Grundsatz von Treu und Glauben.[35] Die Treuepflicht hat Vorrang vor den persönlichen Interessen eines Vorstandsmitglieds, so insbesondere auch beim Abschluss eigener Geschäfte mit der Gesellschaft.[36] Die Vorstandsmitglieder dürfen in allen Angelegenheiten, die das Interesse der Aktiengesellschaft berühren, allein deren Wohl und Wehe und nicht ihren eigenen Nutzen oder den Vorteil anderer im Auge haben.[37] Die organschaftliche Treuepflicht verfolgt das Ziel, Interessenkonflik-

27 Spindler, in: MünchKomm AktG, 3. Aufl. 2008, § 76 Rn. 7.
28 Spindler, in: MünchKomm AktG, 3. Aufl. 2008, § 76 Rn. 8.
29 Spindler, in: MünchKomm AktG, 3. Aufl. 2008, § 76 Rn. 16.
30 Möllers, in: Hommelhoff/Hopt/v. Werder (Hrsg.), Handbuch Corporate Governance, 2003, S. 405, 407; Spindler, in: MünchKomm AktG, 3. Aufl. 2008, § 76 Rn. 22; Hüffer, Aktiengesetz, 8. Aufl. 2008, § 76 Rn. 10.
31 § 77 Abs. 1 AktG.
32 § 78 Abs. 1 Satz 1 AktG.
33 Möllers, in: Hommelhoff/Hopt/v. Werder (Hrsg.), Handbuch Corporate Governance, 2003, S. 405, 407.
34 BGH, Urt. v. 28.04.1954 - II ZR 211/53, BGHZ 13, 188, 192 f. = NJW 1954, 998; Spindler, in: MünchKomm AktG, 3. Aufl. 2008, § 76 Rn. 14.
35 BGH, Urt. v. 09.11.1967 - II ZR 64/67, BGHZ 49, 30 ff. = NJW 1968, 396; Hüffer, Aktiengesetz, 8. Aufl. 2008, § 93 Rn. 5.
36 Spindler, in: MünchKomm AktG, 3. Aufl. 2008, § 76 Rn. 14.
37 BGH, Urt. v. 8.5.1967 - II ZR 126/65, WM 1967, 679; BGH, Urt. v. 10.2.1977 - II ZR 79/75, WM 1977, 361, 362; BGH, Urt. v. 21.2.1983 - II ZR 183/82, WM 1983, 498; BGH, Urt. v. 12.6.1989 - II ZR 334/87, WM 1989, 1335, 1339; Fleischer, in: Fleischer (Hrsg.), Handbuch des Vorstandsrechts, 2006, § 9 Rn. 2.

te der Vorstandsmitglieder zu unterbinden.[38] Dies wird durch zwei universal anerkannte Verhaltensgebote flankiert: Zum einen müssen die Vorstandsmitglieder alle Interessenkonflikte offenlegen,[39] wie dies nunmehr auch in Ziffer 4.3.4 DCGK zum Ausdruck kommt. Zum anderen müssen sie der Gesellschaft Rechenschaft darüber ablegen, dass sie ihrer Treubindung genügt haben, etwa durch die Vorlage von Aufzeichnungen und Belegen.[40]

III. Rechte und Pflichten des Aufsichtsrats

1. Funktionen des Aufsichtsrats

Der Aufsichtsrat hat vier wesentliche Funktionen:

- die Bestellung und Abberufung der Mitglieder des Vorstands sowie die Festlegung der Anstellungsverträge mit diesen,
- die Überwachung der Geschäftsführung des Vorstands,
- die Beratung mit dem Vorstand über die Leitung des Unternehmens und
- die Mitwirkung an wichtigen unternehmerischen Entscheidungen wie etwa der Feststellung des Jahresabschlusses.[41]

Die Rechte und Pflichten des Aufsichtsrats werden in § 111 AktG geregelt, der die Überwachungsfunktion des Aufsichtsrats hervorhebt und durch die damit gegebene funktionale Charakterisierung des Gesellschaftsorgans die Kompetenzabgrenzung gegenüber dem Vorstand vornimmt.[42] Dem Aufsichtsrat können nach § 111 Abs. 4 Satz 1 AktG Maßnahmen der Geschäftsführung nicht übertragen werden. Er kann sich nach der gesetzlichen Regelung nicht zum Vorgesetzten des Vorstands machen, sondern muss sich aller Eingriffe in den Bereich der Geschäftsführung enthalten und sich auf die Überwachung der Geschäftsführung des Vorstands beschränken.[43] Zur

38 Fleischer, in: Fleischer (Hrsg.), Handbuch des Vorstandsrechts, 2006, § 9 Rn. 10; Hopt, Interessenswahrung und Interessenskonflikte im Aktien-, Bank- und Berufsrecht – Zur Dogmatik des modernen Geschäftsbesorgungsrechts, ZGR 2004, 1, 5 ff.

39 BGH, Urt. v. 08.02.1956 - IV ZR 282/55, BGHZ 20, 39 = NJW 1956, 705; Fleischer, Organpublizität im Aktien-, Bilanz- und Kapitalmarktrecht, NZG 2006, 561, 567 f.; Spindler, in: MünchKomm AktG, 3. Aufl. 2008, § 93 Rn. 92; Fleischer, in: Fleischer (Hrsg.), Handbuch des Vorstandsrechts, 2006, § 9 Rn. 12; Möllers, in: Hommelhoff/Hopt/v. Werder (Hrsg.), Handbuch Corporate Governance, 2003, S. 413.

40 Fleischer, in: Fleischer (Hrsg.), Handbuch des Vorstandsrechts, 2006, § 9 Rn. 12.

41 Lutter, Defizite für eine effiziente Aufsichtsratstätigkeit und gesetzliche Möglichkeiten der Verbesserung , ZHR 159 (1995), 287, 289.

42 Hüffer, Aktiengesetz, 8. Aufl. 2008, § 111 Rn. 1.

43 Spindler, in: MünchKomm AktG, 3. Aufl. 2008, § 76 Rn. 22; Hüffer, Aktiengesetz, 8. Aufl. 2008, § 76 Rn. 11; Möllers, in: Hommelhoff/Hopt/v. Werder (Hrsg.), Handbuch Corporate Governance, 2003, S. 405, 407 f; Hopt/Roth, in: Hopt/Wiedemann (Hrsg.), AktG, Großkommentar, Stand: Oktober 2005, § 111 Rn. 151.

Gewährleistung der Kontrollfunktion kann die Satzung oder der Aufsichtsrat jedoch nach § 111 Abs. 4 Satz 2 AktG bestimmen, dass bestimmte Arten von Geschäften nur mit Zustimmung des Aufsichtsrats vorgenommen werden dürfen. Der Aufsichtsrat kann den Vorstand jedoch niemals positiv zwingen, eine bestimmte Geschäftsführungsmaßnahme vorzunehmen.[44]

Durch die Überwachung soll sichergestellt werden, dass die Geschäftsführung ihre Aufgaben im Interesse der Anteilseigner und der Gesellschaft nachhaltig, möglichst effizient und effektiv erfüllt.[45] Die Überwachung umfasst sowohl die Prüfung und Kontrolle der Vergangenheit, als auch die begleitende Überwachung der laufenden Unternehmensführung und die mitgestaltende Beratung der strategischen Ausrichtung und Orientierung für die Zukunft des Unternehmens.[46] Der BGH sieht die Beratungsfunktion des Aufsichtsrats sogar als „vorrangige[s] Mittel der in die Zukunft gerichteten Kontrolle des Vorstands".[47]

Zweite wichtige Aufgabe des Aufsichtsrats ist die Wahrnehmung der Personalkompetenz gem. § 84 Abs. 1 AktG, nach dem der Aufsichtsrat die Vorstandsmitglieder bestellt und abberuft. Eine weitere wichtige Aufgabe besteht in der gerichtlichen und außergerichtlichen Vertretung der Gesellschaft gegenüber Vorstandsmitgliedern (§ 112 AktG). Daneben bestehen ergänzende Aufgaben wie die Entgegennahme und Anforderung von Vorstandsberichten zur effektiven Überwachung (§ 90 AktG) und die Prüfung und Feststellung des Jahresabschlusses (§§ 171, 172 AktG).[48]

2. Aufsichtsratsmandat als Nebentätigkeit

Anders als die Tätigkeit als Vorstandsmitglied ist das Amt des Aufsichtsratsmitglieds vom Gesetz als nebenberufliche Tätigkeit konstruiert worden. Der Gesetzgeber geht somit davon aus, dass das Aufsichtsratsmitglied der Gesellschaft nicht seine volle Arbeitskraft zur Verfügung stellen, sondern das Mandat neben anderen Tätigkeiten, insbesondere einem Hauptberuf, ausüben wird.

3. Treuepflicht des Aufsichtsrats

Der Aufsichtsrat als Organ sowie jedes seiner Mitglieder als Individuum sind verpflichtet, die Überwachungsaufgabe mit der Sorgfalt eines ordentlichen und gewissenhaften Überwachers durchzuführen (§§ 116, 93 Abs. 1 AktG). Alle Mitglieder des

44 Spindler, in: MünchKomm AktG, 3. Aufl. 2008, § 76 Rn. 22; Kort, in: Hopt/Wiedemann (Hrsg.), AktG, Großkommentar, Stand: Dezember 2002, § 76 Rn. 2.
45 Theisen, in: Schreyögg/v. Werder (Hrsg.), Handwörterbuch Unternehmensführung und Organisation, 4. Aufl. 2004, S. 62, 64.
46 Theisen, in: Schreyögg/v. Werder (Hrsg.), Handwörterbuch Unternehmensführung und Organisation, 4. Aufl. 2004, S. 62, 64.
47 BGH, Urt. v. 25.03.1991 - II ZR 188/89, BGHZ 114, 127, 130 = NJW 1991, 1830.
48 Knapp, Die Treuepflicht der Aufsichtsratsmitglieder von Aktiengesellschaften und Directors von Corporations, 2004, S. 163.

Aufsichtsrats sind gleichermaßen auf das Wohl der Gesellschaft verpflichtet. Sie haben ihre eigenen Interessen hintenanzustellen und müssen unter Abwägung aller betroffenen Individualinteressen das Wohl des Unternehmens herausfiltern und bei ihrer Tätigkeit berücksichtigen.[49]

Zudem haben die Aufsichtsratsmitglieder die Pflicht zur Mitwirkung im Aufsichtsrat und die Pflicht, sich über alle für ihre Tätigkeit wichtigen Angelegenheiten zu informieren und so die Geschäftsführung wirksam zu überprüfen.

IV. Vergleich mit dem Board-System

Im Gegensatz zu der im deutschen Recht bestehenden Aufgabentrennung zwischen den zwei Gesellschaftsorganen, Vorstand und Aufsichtsrat, werden angelsächsische Gesellschaften von einem Verwaltungsrat (board of directors) geleitet und überwacht. Der board of directors ist das alleinige Verwaltungs- und Leitungsorgan der Gesellschaft; dies wird im Gegensatz zum deutschen dualistischen System als monistisches System bezeichnet. Es wird zwischen geschäftsführenden directors (executive oder inside directors) und nicht geschäftsführenden directors (non-executive oder outside directors) unterschieden. In den meisten Fällen der nicht einheitlich geregelten Board-Verfassungen überwiegen zahlenmäßig die outside directors.[50] Nach einer empirischen Untersuchung hat sich in den USA die Zahl der inside directors seit 1975 von fünf auf zwei verringert; bei einer durchschnittlichen Board-Größe von elf directors sitzen somit – seit 1995 weitgehend unverändert – durchschnittlich neun outside directors im Board.[51]

Alle inside directors sind Angestellte des Unternehmens, wobei alle outside directors unabhängig vom Unternehmen sein müssen.[52] Allein die inside directors übernehmen die operative Geschäftsführung und vertreten das Unternehmen nach außen.[53] Vom Board werden häufig weitere Geschäftsführer bestellt, die keine Mitglieder des Boards sind, sogenannte executive officers. Die outside directors können jedoch nicht als von den Anteilseignern bestellte Kontrolleure des geschäftsleitenden Managements bezeichnet werden, weil das Management erheblichen Einfluss auf die Auswahl und Bestellung der outside directors hat.[54] Damit ist der Anreiz der outside directors zu einer aktiven Kontrolle des Managements nicht eindeutig. Der Einfluss

49 Lutter/Krieger, Rechte und Pflichten des Aufsichtsrats, 5. Aufl. 2008, § 12 Rn. 893.
50 Potthoff/Trescher, Das Aufsichtsratsmitglied, 6. Aufl. 2003, Rn. 93.
51 Salzberger, in: Schreyögg/v. Werder (Hrsg.), Handwörterbuch Unternehmensführung und Organisation, 4. Aufl. 2004, S. 99, 101 f. m. w. N.
52 Potthoff/Trescher, Das Aufsichtsratsmitglied, 6. Aufl. 2003, Rn. 93.
53 Potthoff/Trescher, Das Aufsichtsratsmitglied, 6. Aufl. 2003, Rn. 94.
54 Baums, ZIP 1995, 11, 14.

des CEO auf die Neuberufung sorgt für eine entsprechende Selektion von Mitgliedern mit konformem Verhalten.[55]

Der *Chief Executive Officer* (CEO) übernimmt oftmals den Vorsitz des Boards.[56] Dies ist allerdings länderweise unterschiedlich stark ausgeprägt. In Großbritannien sind die Positionen des CEO und des Vorsitzenden des Boards bei etwa einem Drittel der Gesellschaften in einer Person vereint, in den USA jedoch in 90% der Fälle.[57] Auch in den USA wird deshalb von Aktionären und institutionellen Investoren die Trennung dieser beiden Funktionen zur Steigerung der Überwachungsintensität gefordert.[58]

In neuerer Zeit zeigt sich eine gewisse Tendenz hin zum dualistischen System, wie etwa durch die zunehmende Trennung von Board-Vorsitz und der Stellung als CEO und dem Erfordernis einer Mehrheit von *outside directors* in den *nomination* und *remuneration committees* (Personal- und Vergütungsausschüsse).[59] Mit dem im Jahre 2002 als Reaktion auf Bilanzskandale von Unternehmen wie *Enron* und *Worldcom* eingeführten *Sarbanes-Oxley-Act* besteht in den USA nun erstmals eine bundesgesetzliche Regelung für die Tätigkeit des *board of directors*.[60] Die *outside directors* sollen, von ihrer Tätigkeit im Board abgesehen, weder Zahlungen für Beratungsdienstleistungen noch sonstige Vergütungen von der Gesellschaft erhalten und dürfen keine im Verhältnis zur Gesellschaft nahestehenden Personen sein.[61] Auch in Großbritannien soll nach dem *Combined Code on Corporate Governance* ein Drittel der Board-Mitglieder nicht dem Management angehören; die Mehrheit davon sollte unabhängig sein.[62]

Problematisch in diesem System ist die Tatsache, dass von den handelnden Personen verlangt wird, sich selbst zu überwachen.[63] Im Vergleich zum dualistischen System fällt insbesondere auf, dass Management und Kontrolle gewissermaßen in einer Hand liegen. Aus diesem Grund ist es auch verständlich, dass die Forderungen nach Unabhängigkeit insbesondere aus dem anglo-amerikanischen Rechtskreis kommen. Unabhängigkeit der Kontrolleure - vor allem vom Management - ist dort essenziell, um eine effiziente Kontrolle der Geschäftsführung zu sichern.[64]

---

55 Lehmann, in: Möllers (Hrsg.), Standardisierung durch Markt und Recht, 2008, S. 177, 180.

56 Baums, ZIP 1995, 11, 14.

57 Salzberger, in: Schreyögg/v. Werder (Hrsg.), Handwörterbuch Unternehmensführung und Organisation, 4. Aufl. 2004, S. 99, 103 f. m. w. N.; Böckli, in: Hommelhoff/Hopt/v. Werder (Hrsg.), Handbuch Corporate Governance, 2003, S. 201, 208.

58 Schwarz/Holland, Enron, WorldCom ... und die Corporate-Governance-Diskussion, ZIP 2002, 1661, 1670.

59 Baums, ZIP 1995, 11, 15; Theisen, in: Schreyögg/v. Werder (Hrsg.), Handwörterbuch Unternehmensführung und Organisation, 4. Aufl. 2004, S. 62, 67; Böckli, in: Hommelhoff/Hopt/v. Werder (Hrsg.), Handbuch Corporate Governance, 2003, S. 201, 216.

60 Gesellschaftsrechtliche Vorgaben sind in den USA auf Ebene der einzelnen Staaten unterschiedlich geregelt.

61 Sec. 301 Sarbanes-Oxley-Act 2002, abrufbar unter www.sarbanes-oxley.com/section.php?level=1&pub_id=Sarbanes-Oxley.

62 Sec. 1 A. 3 Combined Code on Corporate Governance 1998, abrufbar unter www.fsa.gov.uk/pubs/ukla/lr_comcode2003.pdf.

63 Böckli, in: Hommelhoff/Hopt/v. Werder (Hrsg.), Handbuch Corporate Governance, 2003, S. 201, 214.

64 Langenbucher, Wettbewerbsverbote, Unabhängigkeit und die Stellung des Aufsichtsratsmitglieds, ZGR 2007, 571, 591.

V. Fazit

In Deutschland vollzieht sich die funktionale Trennung von Geschäftsführung und Kontrolle durch die organschaftliche Trennung in einen Vorstand, der die Geschäfte leitet, und einen interessenpluralistischen Aufsichtsrat, der die Geschäftsführung überwacht. Dieses System stand in der Geschichte der deutschen Aktiengesellschaft immer wieder in der Diskussion. Ganz aktuell wird vom Deutschen Corporate Governance Kodex wieder eine stärkere Zusammenarbeit von Vorstand und Aufsichtsrat gefordert.

Im Gegenmodell angelsächsischer Prägung sind Geschäftsführung und Kontrolle in einem einzigen Organ vereint, wobei die beiden Funktionen personell zwischen *inside directors* (Geschäftsführung) und *outside directors* (Kontrolle) aufgeteilt sind. Die Verschmelzung von Geschäftsführung und Kontrolle in einem einzigen Organ erklärt die insbesondere aus dem angelsächsischen Rechtskreis kommende Forderung nach Unabhängigkeit der Kontrolleure von der Gesellschaft und deren Management.

B. Unabhängigkeit im Aufsichtsrat

Im Folgenden wird erläutert, welche Forderungen die Kommissions-Empfehlung an die Unabhängigkeit von Aufsichtsratsmitgliedern stellt. Es wird gezeigt, dass diese Forderungen für das bislang geltende Aktienrecht ein Novum darstellen. Nachdem das Unabhängigkeitskonzept im angelsächsischen Rechtskreis beleuchtet wird, wird im Folgenden auf die Umsetzung der Kommissions-Empfehlung durch die Änderung des Deutschen Corporate Governance Kodex eingegangen und gezeigt, dass die Umsetzung erhebliche Abweichungen im Vergleich zur Kommissions-Empfehlung aufweist.

I. Die Empfehlung der Europäischen Kommission

Am 25. Februar 2005 hat die Europäische Kommission eine Empfehlung zu den Aufgaben von nicht geschäftsführenden Direktoren/Aufsichtsratsmitgliedern börsennotierter Gesellschaften sowie zu den Ausschüssen des Verwaltungs-/ Aufsichtsrats erlassen.[65] Zwar entfalten Empfehlungen der Europäischen Kommission gem. Art. 249 Abs. 5 EG keine Rechtsverbindlichkeit, jedoch wartet die Kommission bei mangelhafter Umsetzung von Empfehlungen sehr schnell mit Richtlinien auf, die den vorherigen Empfehlungen recht nahe kommen, sodass die Empfehlungen durchaus einen gewissen Druck auf die Harmonisierung der rechtlichen Rahmenbedingungen erzeugen.[66] Maßgeblich für deutsche Unternehmen ist die konkrete Umsetzung der Empfehlung im deutschen Aktienrecht oder dem DCGK; nach der Rechtsprechung des EuGH sind die innerstaatlichen Gerichte aber verpflichtet, bei der Entscheidung anhängiger Verfahren Empfehlungen der Europäischen Kommission zu berücksichtigen.[67] Die Mitgliedstaaten werden angeregt, die Empfehlungen der Europäischen Kommission in die Corporate Governance-Kodices oder auch die nationalen Gesetze aufzunehmen.[68] Die Bundesrepublik Deutschland hat sich für die erste Möglichkeit entschieden.

65 ABl. L 52 v. 15.2.2005, S. 51 ff.

66 Spindler, Die Empfehlungen der EU für den Aufsichtsrat und ihre deutsche Umsetzung im Corporate Governance Kodex, ZIP 2005, 2033, 2033 f.; Hopt, Europäisches Gesellschaftsrecht und deutsche Unternehmensverfassung – Aktionsplan und Interdependenzen, ZIP 2005, 461, 468; a. A. Maul, Gesellschaftsrechtliche Entwicklungen in Europa – Bruch mit deutschen Traditionen?, BB 2005, Beil. 9, 2, 3.

67 Für die Gesetzesauslegung ist anerkannt, dass Kommissionsempfehlungen vorbehaltlich abweichender einzelstaatlicher Normen eine orientierende Bedeutung zukommt; EuGH, Urt. v. 13.12.1989, Rs. C-322/88, Slg. 1989, 4407, 4408 – Grimaldi; EuGH, Urt. v. 21.1.1993, Rs. C-188/91, Slg. 1993, I-363 – Deutsche Shell; G. Schmidt, in: v. d. Groeben/Schwarze (Hrsg.), Kommentar zum EU-Vertrag und zur Gründung der Europäischen Gemeinschaft, 6. Aufl. 2004, Art, 249 EG Rn. 50; Habersack, Europäisches Gesellschaftsrecht, 3. Aufl. 2006, § 3 Rn. 60.

68 Ziffer 1.1. sowie Erwägungsgrund Nr. 4 der Kommissions-Empfehlung; s.a. Spindler, ZIP 2005, 2033, 2033.

1. Inhalt der Kommissions-Empfehlung

Der Fokus der Kommissions-Empfehlung liegt auf der Gewährleistung der Unabhängigkeit der Aufsichtsratsmitglieder und der Vermeidung von Interessenkollisionen. Unter der Unabhängigkeit eines Aufsichtsratsmitglieds versteht die Kommissions-Empfehlung die „Abwesenheit signifikanter Interessenkonflikte".[69] Näher konkretisiert wird dies in Ziffer 13.1, nach der ein Aufsichtsratsmitglied „in keiner geschäftlichen, familiären oder sonstigen Beziehung zu der Gesellschaft, ihrem Mehrheitsaktionär oder deren Geschäftsführung [stehen darf], die einen Interessenkonflikt begründet, der sein Urteilsvermögen beeinflussen könnte", sowie durch weitere nicht abschließende Beispielsfälle im Anhang der Empfehlung.[70]

Die äußeren Merkmale der geschäftlichen, familiären oder sonstigen Beziehung erfahren also eine doppelte Einschränkung. Sie sind nur dann relevant, wenn sie einen Interessenkonflikt begründen, der das Urteilsvermögen beeinflussen könnte. Die Kommission nimmt das angelsächsische Konzept der *dependence in appearance*[71] zum Anlass, eine Prüfung der inneren Befangenheit zu verlangen.[72] Durch den sehr umfangreichen Katalog an abhängigkeitsbegründenden Indizien im Anhang II zwingt sie die Unternehmen dazu, genau zu untersuchen, ob der interne Befund eines Interessenkonflikts vorliegt.[73] Dies ist meines Erachtens eine sehr effektive Lösung, da sie weder Mandatsträger aufgrund eines äußeren Scheins pauschal verurteilt, ihnen aber ebenso wenig die Möglichkeit lässt, einen Interessenkonflikt unerkannt zu verschleiern, weil die Mitglieder des Aufsichtsrats gezwungen werden, bei Vorliegen eines äußeren Scheins auch den inneren Tatbestand zu erforschen.

Nach Ziffer 13.3.1 der Kommissions-Empfehlung soll die Gesellschaft bei der Bestellung eines Aufsichtsratsmitglieds offenlegen, ob sie diese Person als unabhängig ansieht; die Aktionäre sollen über den Umgang mit Risiken und Interessenkonflikten informiert werden.[74] Auch hier ist eine Öffnung hin zum angelsächsischen Konzept einer Kontrolle durch Offenlegung erkennbar. Des Weiteren soll der Aufsichtsrat dafür sorgen, dass die Aufsichtsratsmitglieder über die entsprechenden Fachkenntnisse, Urteilsfähigkeiten und Erfahrungen verfügen. Diese besonderen Fachkenntnisse sollen bei der Wahl eines neuen Aufsichtsratsmitglieds offengelegt werden.[75] Im Hinblick auf diese Forderung wird zu Recht darauf hingewiesen, dass der Aufsichts-

69 Erwägungsgrund Nr. 7 der Kommissions-Empfehlung.

70 Spindler, ZIP 2005, 2033, 2034.

71 Der Begriff bezeichnet das Vorhandensein äußerer Merkmale, die zwar per se noch keine Abhängigkeit begründen, aber zumindest den Anschein erwecken, die Unabhängigkeit könnte beeinträchtigt sein.

72 v. Werder/Wieczorek, Anforderungen an Aufsichtsratsmitglieder und ihre Nominierung, DB 2007, 297, 300.

73 Peltzer, Keine Aktienoptionen mehr für Aufsichtsratsmitglieder, NZG 2004, 509, 510.

74 Ziffer 9.2 der Kommissions-Empfehlung.

75 Ziffer 11.4 der Kommissions-Empfehlung.

rat als Organ schlecht dafür sorgen kann, dass er aus diesen Mitgliedern zusammengesetzt ist, da die Hauptversammlung die Mitglieder wählt und der Aufsichtsrat lediglich Wahlvorschläge unterbreiten kann.[76]

2. Konkretisierung des Begriffs „Unabhängigkeit"

In Anhang II Ziffer 1 erkennt die Kommission selbst an, dass eine einheitliche Definition des Begriffs „Unabhängigkeit" nicht möglich sei, sondern zwischen verschiedenen Mitgliedstaaten und Gesellschaften variieren könne. Aus diesem Grund sollen unter Berücksichtigung der Fallbeispiele in Anhang II Ziffer 1 der Kommissions-Empfehlung auf einzelstaatlicher Ebene Kriterien für die Beurteilung der Unabhängigkeit der Mitglieder der Unternehmensleitung festgelegt werden.[77] Diese Empfehlung nimmt Rücksicht auf die nationalen Besonderheiten im Recht börsennotierter Unternehmen und ist deshalb zu begrüßen.

Um den Begriff „Unabhängigkeit" im Einzelfall noch weiter zu konkretisieren, soll nach dem Willen der Kommission der Aufsichtsrat jedes Unternehmens erklären, was er unter einem unabhängigen Aufsichtsratsmitglied versteht.[78] Dabei kann der Aufsichtsrat durchaus zu dem Ergebnis kommen, dass ein Mitglied der Unternehmensleitung zwar alle auf einzelstaatlicher Ebene festgelegten Unabhängigkeitskriterien erfüllt, aber aufgrund besonderer Umstände, die mit seiner Person oder der Gesellschaft zusammenhängen, nicht als unabhängig angesehen werden kann. Würde dies auch zu einer fruchtbaren Debatte über den Begriff „Unabhängigkeit" führen, so ist diese Empfehlung dennoch abzulehnen, da sie nicht zu einem national einheitlichen Verständnis von Unabhängigkeit beitragen würde. Es muss zumindest auf nationaler Ebene ein wenigstens im weiteren Sinne einheitliches Verständnis von Rechtsbegriffen geben, andernfalls könnte jedes Unternehmen die Empfehlung oder deren Umsetzung opportunistisch auslegen, wodurch die Wirkung der Maßnahmen verpuffen würde. Es ist deshalb zu begrüßen, dass diese Empfehlung bei den auf der Kommissions-Empfehlung basierenden Änderungen des DCGK nicht berücksichtigt wurde.

76 aul, BB 2005, Beil. 9, 2, 6; Kort, Corporate Governance-Fragen der Größe und Zusammensetzung des Aufsichtsrats bei AG, GmbH und SE, AG 2008, 137, 143; Maul/Lanfermann, Europäische Corporate Governance – Stand der Entwicklungen, BB 2004, 1861, 1864.

77 Ziffer 13.2 der Kommissions-Empfehlung.

78 Ziffer 13.2 Satz 2 und Erwägungsgrund Nr. 18 der Kommissions-Empfehlung. Vgl. Kort, AG 2008, 137, 142 f., der zu Recht auf die daraus resultierende Missbrauchsgefahr hinweist.

3. Anzahl unabhängiger Mitglieder

Wenn die Kommission auch keine genauen Angaben zur Zahl unabhängiger Mitglieder macht, so muss aus teleologischen Gründen die Hälfte der Mitglieder die Untergrenze für eine Umsetzung in nationales Recht darstellen.

Die Kommission will die Besetzung des Aufsichtsrats mit unabhängigen Mitgliedern „in ausreichender Zahl", ohne dass deren Zahl vorgegeben oder eine Mehrheit unabhängiger Mitglieder verlangt wird;[79] maßgeblich sei das Ziel einer effektiven und hinreichend unabhängigen Aufsicht und des ordnungsgemäßen Verfahrens mit Interessenkollisionen.[80] Die Empfehlung, dass im Prüfungs-, Vergütungs- und Nominierungsausschuss jeweils die Hälfte der Mitglieder unabhängig sein soll,[81] wird sich aber zwangsläufig auch auf die Gesamtzusammensetzung des Gremiums auswirken.[82]

Welche Zahl unabhängiger Aufsichtsratsmitglieder als angemessen gelten kann, richtet sich zwar im Einzelnen nach dem Abhängigkeitsprofil und der Größe des Aufsichtsrats sowie den Einflussmöglichkeiten der Aufsichtsratsmitglieder. Man wird aber nur dann von einem - wie von der Kommission geforderten - ordnungsgemäßen Verfahren mit Interessenkollisionen ausgehen können, wenn mindestens die Hälfte der Mitglieder unabhängig ist, da sie ansonsten von den „abhängigen" Aufsichtsratsmitgliedern überstimmt werden könnten.[83] Überwachungsrisiken können die unabhängigen Aufsichtsratsmitglieder nur dann effektiv entgegenwirken, wenn sie das Geschehen im Aufsichtsrat hinreichend beeinflussen können. Damit ergibt sich im Sinne der Empfehlung eine Auslegung auf die Hälfte der Mitglieder als Untergrenze.[84]

4. Gründe für die Forderung nach Unabhängigkeit

Die Forderung nach mehr Unabhängigkeit der Kontrolleure erklärt sich insbesondere vor dem Hintergrund des angelsächsischen Board-Systems und der Kontrolle von Unternehmen durch Kapitalmärkte. Um sicherzustellen, dass die Geschäftsführung einer effektiven und hinreichend unabhängigen Aufsicht untersteht, bedürfe es einer ausreichenden Zahl engagierter Aufsichtsratsmitglieder, die nicht nur keine Geschäftsführungsaufgaben im Unternehmen oder in der Unternehmensgruppe

79 Vgl. auch Erwägungsgrund Nr. 8 der Kommissions-Empfehlung. Danach soll absichtlich keine genaue Zahl genannt werden, um den unterschiedlichen Rechtssystemen der Mitgliedstaaten Rechnung zu tragen.

80 Ziffer 4 und Erwägungsründe Nr. 8, 15 der Kommissions-Empfehlung; Spindler, ZIP 2005, 2033, 2040; Maul, BB 2005, Beil. 9, 2, 4.

81 Anhang I Ziffer 2.1.2, 3.1.2 und 4.1 der Kommissions-Empfehlung.

82 Kottke, Harmonisierung der internen Struktur von Aktiengesellschaften, 2008, S. 121.

83 Maul, BB 2005, Beil. 9, 2, 4.

84 o auch v.Werder/Wieczorek, DB 2007, 297, 302.

wahrnehmen, sondern deren Interessen auch in anderer Hinsicht nicht mit anderen Interessen kollidieren.[85] Insbesondere in den Bereichen der Bestellung und Vergütung von Vorstandsmitgliedern sowie der Abschlussprüfung, für welche die Aktionäre nicht direkt verantwortlich sind, bestehe ein besonders hohes Potenzial an Interessenkonflikten.[86] Durch eine effizientere Managementkontrolle und den transparenten Umgang mit Interessenkonflikten soll insbesondere das Vertrauen der Finanzmärkte wieder hergestellt werden.[87] Sollte dies gelingen, könnte dies auch zu einer besseren Finanzierung der Unternehmen über die Börse und damit zu neuen Investitionen führen. Die Mitwirkung unabhängiger Mitglieder an der Überwachungs- und Beratungsaufgabe des Aufsichtsrats kann zudem zu einer stärkeren Berücksichtigung der Interessen der Minderheitsaktionäre und anderer *stakeholder*-Interessen beitragen.[88]

Damit bleibt festzuhalten, dass die Kommission ausgehend vom Leitbild einer effizienten Corporate Governance über externe Kontrolle am Kapitalmarkt insbesondere auf Information und Transparenz zu möglichen Abhängigkeiten und Interessenkonflikten setzt, damit die Anleger diese Aspekte in ihre Investitionsentscheidung mit einbeziehen können. Dieser Ansatz geht davon aus, dass es zum Schutz der Anleger genügt, alle entscheidungswesentlichen Daten dem Publikum offenzulegen und nur dort, wo eine Offenlegung dem opportunistischen Handeln der Organe nichts entgegensetzen kann, Verbote stehen sollen.[89]

II. Unabhängigkeit von Aufsichtsratsmitgliedern nach deutschem Aktienrecht

Das deutsche Aktienrecht regelt Interessenkollisionen nur rudimentär. Der Gesetzgeber geht nur bei gesetzlichen Vertretern von abhängigen Unternehmen und bei Überkreuzverflechtungen von einer Interessenkollision aus.[90] Nach § 125 Abs. 1 Satz 3 AktG sind bei börsennotierten Gesellschaften einem Wahlvorschlag von Aufsichtsratsmitgliedern der Anteilseignerseite Angaben zu deren Mitgliedschaft in vergleichbaren in- und ausländischen Kontrollgremien von Wirtschaftsunternehmen beizufügen. Zudem darf ein Aufsichtsratsmitglied nicht zugleich Mitglied im Vorstand sein.[91] Damit ist die gesetzliche Regelung erschöpft. Insbesondere gibt es keine Vorschrift, die – in welchem Sinne auch immer – eine Unabhängigkeit zur

85 Erwägungsgrund Nr. 8 der Kommissions-Empfehlung.
86 Erwägungsgrund Nr. 9 der Kommissions-Empfehlung.
87 Erwägungsgrund Nr. 3 der Kommissions-Empfehlung.
88 Erwägungsgrund Nr. 7 der Kommissions-Empfehlung.
89 Merkt, Zum Verhältnis von Kapitalmarktrecht und Gesellschaftsrecht in der Diskussion um die Corporate Governance, AG 2003, 126, 127.
90 § 100 Abs. 2 Nr. 2, 3 AktG.
91 § 105 Abs. 1 AktG.

Amtsvoraussetzung machen würde.[92] Die Satzung kann zwar für Aktionärsvertreter nach § 100 Abs. 4 AktG persönliche Voraussetzungen formulieren. So kann etwa das Fehlen von Interessenkonflikten als positive Wählbarkeitsvoraussetzung oder das Vorliegen von Interessenkonflikten als persönlicher Ausschlussgrund für Aufsichtsratsmitglieder formuliert werden.[93] Davon Gebrauch zu machen ist jedoch nicht üblich und im Allgemeinen auch nicht zweckmäßig.[94]

Das Fehlen gesetzlicher Regelungen ist vor dem Hintergrund des deutschen Aufsichtssystems historisch erklärbar. Die Besetzung des Aufsichtsrats erfolgte meist danach, wer ein Interesse am Unternehmen hatte. Es wurde gerade nicht nach interesselosen Kontrolleuren gefragt, sondern es sollten die unterschiedlichen Interessen im Aufsichtsrat vertreten, Konflikte ausgetragen und zugunsten des Unternehmens fruchtbar gemacht werden. Im Zentrum steht das Aushandeln von Lösungen durch Interessenabgleich.[95]

In der Literatur besteht indes weitgehend Einigkeit darüber, dass die aktienrechtlichen Regelungen zu kurz greifen und insbesondere Interessenkollisionen weitergehender Regelungen wie etwa Mandatsniederlegungen oder Stimmrechtsverbote bedürfen.[96] Die Lösung von Interessenkonflikten wird bislang über die Treuepflicht der Aufsichtsratsmitglieder zur Gesellschaft konstruiert. M. E. wäre aber eine klare Regelung zum Umgang mit Interessenkonflikten im Hinblick auf eine größere Rechtssicherheit für Organvertreter und einem besseren Interessenschutz für Aktionäre wünschenswert.

III. Unabhängigkeit von outside directors im angelsächsischen Rechtskreis

1. USA

Der US-amerikanische Sarbanes-Oxley-Act aus dem Jahre 2002 will die Unabhängigkeit der Kontrolleure dadurch sichern, dass spezielle audit committees (Prüfungsausschüsse) vorgeschrieben werden, in denen nur Personen sitzen dürfen, die keinerlei sonstige Geschäftsbeziehungen zur Gesellschaft unterhalten (affiliated person,

92 Hüffer, Die Unabhängigkeit von Aufsichtsratsmitgliedern nach Ziffer 5.4.2 DCGK, ZIP 2006, 637, 638.

93 Mense, Interessenkonflikte bei Mehrfachmandaten im Aufsichtsrat der AG, 2008, S. 229.

94 Hüffer, ZIP 2006, 637, 638; Peltzer, in: Hommelhoff/Rowedder/Ulmer (Hrsg.), Max Hachenburg – Dritte Gedächtnisvorlesung 1998, 2000, S. 49, 86; Wirth, ZGR 2005, 327, 332.

95 Nagel, Unabhängigkeit der Kontrolle im Aufsichtsrat und Verwaltungsrat: Der Konflikt zwischen der deutschen und der angelsächsischen Konzeption, NZG 2007, 166, 167.

96 Spindler, ZIP 2005, 2033, 2034; Lutter, Bankenvertreter im Aufsichtsrat, ZHR 145 (1981), 224, 247 m. w. N.; Wirth, Anforderungsprofil und Inkompatibilitäten für Aufsichtsratsmitglieder, ZGR 2005, 327, 346; Reichert/Schlitt, Konkurrenzverbot für Aufsichtsratsmitglieder, AG 1995, 241, 242 f.

Sec. 301). Die Unabhängigkeit und der Begriff der affiliated person wird in den Final Rules der Securities and Exchange Commission (SEC)[97] sowie der New York Stock Exchange (NYSE) konkretisiert. Die NYSE schreibt vor, dass in den bei ihr notierten Unternehmen die Mehrheit im Board aus unabhängigen Direktoren bestehen muss.[98] Unabhängig ist nur, wer kein bedeutendes Geschäftsverhältnis zum Unternehmen unterhält und seit mindestens fünf Jahren nicht mehr als Manager oder Wirtschaftsprüfer bei dem Unternehmen beschäftigt war.[99] In den USA setzt man somit auf eine starre, aber dafür eindeutige Regelung, die schon den Anschein einer fehlenden Unabhängigkeit nicht zulassen will, um das Vertrauen des Kapitalmarkts zu stärken. Die Qualität der Kontrolle soll also durch eine ausreichende Distanz gesichert werden. Kontrolleuren, die in irgendeiner geschäftlichen Beziehung zur Gesellschaft stehen, traut man nicht zu, ihre Eigeninteressen hinreichend ausblenden zu können und die Geschäftsführung neutral zu kontrollieren.

2. Großbritannien

Die Unabhängigkeit in Großbritannien soll nach dem Combined Code on Corporate Governance dadurch gesichert werden, dass non-executive directors durch ein eigenes nomination committee und ein eigenes remuneration committee bestimmt werden. Mindestens 50% der Board-Mitglieder müssen non-executive directors sein. Sie tagen regelmäßig ohne die executive directors.[100] Im Geschäftsbericht ist jährlich zu veröffentlichen, welche directors vom Board als unabhängig angesehen werden. Bezeichnend ist, dass das Board beim Vorliegen bestimmter äußerer Merkmale (dependence in appearance) angeben soll, warum es einen director dennoch als unabhängig ansieht.[101] Zu diesen Merkmalen zählen u. a. die Eigenschaft als Arbeitnehmer, die Eigenschaft als Mehrheitsgesellschafter oder eine geschäftliche Beziehung zur Gesellschaft innerhalb der letzten drei Jahre. Die britische Regelung ist insofern weniger strikt als die amerikanischen Vorgaben, als sie den Unternehmen eine Abweichung von den Kodex-Empfehlungen erlaubt, sofern diese erklärt werden. Dennoch bleibt festzuhalten, dass von bestimmten Eigenschaften a priori angenommen wird, dass sie eine mangelnde Unabhängigkeit begründen.

97 www.sec.gov/rules/final/33-8220.htm.
98 New York Stock Exchange, Listed Company Manual, § 303.00 ff., abrufbar unter www.nyse.com/listed.
99 Corporate Accountability and Listing Standards Committee, Recommendations to the NYSE Board of Directors, 2002, S. 6 f.
100 Nagel, NZG 2007, 166, 167.
101 Sec. A.3.1 Combined Code on Corporate Governance.

IV. Unabhängigkeit nach dem Deutschen Corporate Governance Kodex

Der Deutsche Corporate Governance Kodex wurde am 26.2.2002 durch die vom Bundesministerium für Justiz eingesetzte Regierungskommission als privates Regelwerk zu guter Corporate Governance verabschiedet. Mit dem Deutschen Corporate Governance Kodex sollen die in Deutschland geltenden Regeln für Unternehmensleitung und Überwachung für nationale wie internationale Investoren transparent gemacht werden, um so das Vertrauen in die Unternehmensführung deutscher Gesellschaften zu stärken. Deshalb müssen börsennotierte Unternehmen nach § 161 AktG jährlich erklären, welche Empfehlungen des Kodex sie befolgen.

1. Rechtsnatur des Deutschen Corporate Governance Kodex

Die Rechtsnatur des Deutschen Corporate Governance Kodex ist sehr strittig, wobei feststeht, dass es sich bei den Empfehlungen des Kodex nicht um Gesetzesrecht oder Verordnungsrecht handelt.[102] Es handelt sich ebenso wenig um Gewohnheitsrecht, da hierfür eine lang andauernde tatsächliche Übung, sowie die Überzeugung der beteiligten Verkehrsseite, durch die Einhaltung einer solchen Übung bestehendes Recht zu befolgen, vonnöten wären.[103] Den Kodex-Empfehlungen fehlt es zudem an einer allseits anerkannten tatsächlichen Übung, sodass sie auch nicht als Handelsbrauch qualifiziert werden können.[104] Die Regeln des Deutschen Corporate Governance Kodex sind vielmehr als sogenanntes „soft law" zu qualifizieren.[105] Damit entfaltet der Kodex keine Rechtsverbindlichkeit, sondern impliziert eine Selbstbindung der Beteiligten hinsichtlich der erklärten Absichtserklärungen oder Leitlinien. Diese Selbstbindung vollzieht sich über die gesetzliche Grundlage der Entsprechenserklärung gem. § 161 AktG.

2. Unabhängigkeitsbegriff im Deutschen Corporate Governance Kodex

Durch die Neufassung des DCGK vom 2.6.2005 wurde die Kommissions-Empfehlung zur Unabhängigkeit von Aufsichtsratsmitgliedern in Ziffer 5.4.2 DCGK aufgenommen. Danach soll dem Aufsichtsrat eine nach seiner Einschätzung ausreichende

102 Kort, AG 2008, 137, 137; Hüffer, Aktiengesetz, 8. Aufl. 2008, § 161 Rn. 3; Hopt, ZGR 2004, 1, 17 f.; Claussen, in: FS Priester, 2007, S. 41, 45; Lutter/Kirschbaum, Zum Wettbewerber im Aufsichtsrat, ZIP 2005, 103, 105; Claussen/Bröcker, Corporate-Governance-Grundsätze in Deutschland – nützliche Orientierungshilfe oder regulatorisches Übermaß?, AG 2000, 481, 482 f.; Lutter, in: Hommelhoff/Hopt/v. Werder (Hrsg.), Handbuch Corporate Governance, 2003, S. 737, 746.

103 Kort, AG 2008, 137, 137.

104 Kort, AG 2008, 137, 138; Hüffer, Aktiengesetz, 8. Aufl. 2008, § 161 Rn. 3; Claussen/Bröcker, AG 2000, 481, 483.

105 Kort, AG 2008, 137, 138.

Zahl unabhängiger Mitglieder angehören.[106] Ein Aufsichtsratsmitglied sei dann als unabhängig anzusehen, „wenn es in keiner geschäftlichen oder persönlichen Beziehung zur Gesellschaft oder deren Vorstand steht, die einen Interessenkonflikt begründet".[107] Die Regierungskommission setzt damit, anders als die Empfehlung der Europäischen Kommission, nicht auf ein mögliches Vorliegen eines Interessenkonfliktes („einen Interessenkonflikt begründen, der sein Urteilsvermögen beeinflussen könnte"),[108] sondern auf das tatsächliche Vorliegen eines Interessenkonflikts („die einen Interessenkonflikt begründet").

Die in diesem Nachsatz gegebene Einschränkung ist die eigentliche Sinngebung der Norm, weil es nur darauf ankommt, Aufsichtsräte vor Interessenkonflikten zu bewahren. Zwar können Eigenschaften, wie z. B. Lieferant des Unternehmens zu sein, den Anschein einer Abhängigkeit erzeugen (dependence in appearance); dies bewirkt jedoch erst in Verbindung mit dem qualifizierenden Element eines tatsächlichen Interessenkonflikts eine fehlende Unabhängigkeit. Durch die fehlende Umsetzung weiterer Anscheinsindizien, wie sie im Anhang II der Kommissions-Empfehlung vorgesehen waren,[109] übernimmt das deutsche Recht das Konzept der dependence in appearance aber nur teilweise.[110] Dennoch kann hier von einem Schritt hin zu einem Paradigmenwechsel gesprochen werden, da nun geschäftliche und persönliche Beziehungen überprüft werden müssen – ohne sie jedoch wie die Europäische Kommission grundsätzlich als abhängigkeitsbegründend einzuschätzen. Die sonstigen Beziehungen zur Geschäftsführung des Unternehmens[111] wurden indes nicht in die Formulierung im DCGK aufgenommen. Darauf wird noch näher einzugehen sein.

---

106 Das Unabhängigkeitserfordernis der Ziffer 5.4.2 DCGK bezieht sich nach richtiger Auffassung auch im mitbestimmten Aufsichtsrat auf den gesamten Aufsichtsrat. Entgegen der Ansicht von Hüffer, ZIP 2006, 637, 639 sind die Arbeitnehmervertreter im Aufsichtsrat sehr wohl bei der Ermittlung der ausreichenden Zahl unabhängiger Mitglieder einzubeziehen. Zwar ist es richtig, dass die Kommissions-Empfehlung mit Blick auf das deutsche Mitbestimmungssystem Arbeitnehmer im Aufsichtsrat nicht als abhängig einstufen will, sofern sie im Rahmen eines gesetzlich anerkannten Systems der Arbeitnehmervertretung mit Schutz vor missbräuchlicher Entlassung oder ungerechter Behandlung in den Aufsichtsrat gewählt worden sind (Anhang II, Ziffer 1.b) der Kommissions-Empfehlung). Es spricht indes nichts dagegen, dass nicht andere abhängigkeitsbegründende Indizien – wie etwa Verwandtschaft mit einem Vorstandsmitglied – auch auf Arbeitnehmer zutreffen können (Vgl. Anhang II Ziffer 1.i) der Kommissions-Empfehlung).

107 Ziffer 5.4.2 Satz 2 DCGK. Die Ausführungen der Empfehlung zu den Beziehungen von Mehrheitsaktionären wurden nicht in den DCGK übernommen, da diesbezügliche Problemstellungen - insbesondere der Schutz von Minderheitsaktionären - durch das deutsche Konzernrecht gelöst werden, Kremer, in: Ringleb/Kremer/Lutter/v. Werder, Deutscher Corporate Governance Kodex, Kommentar, 3. Aufl. 2008, Rn. 1038.

108 Vgl. Ziffer 13.1 der Kommissions-Empfehlung.

109 Die europäischen Vorgaben können nach Auffassung des EuGH dennoch zur Konkretisierung einzelner Rechtsbegriffe herangezogen werden; EuGH, Urt. v. 13.12.1989, Rs. C-322/88, Slg. 1989, 4407, 4408 – Grimaldi; EuGH, Urt. v. 21.1.1993, Rs. C-188/91, Slg. 1993, I-363 – Deutsche Shell.

110 Lieder, Das unabhängige Aufsichtsratsmitglied, NZG 2005, 569, 570.

111 Vgl. Ziffer 13.1 der Kommissions-Empfehlung: „Ein Mitglied der Unternehmensleitung gilt als unabhängig, wenn es in keiner geschäftlichen, familiären oder sonstigen Beziehung zu der Gesellschaft, ihrem Mehrheitsaktionär oder deren Geschäftsführung steht, die einen Interessenkonflikt begründet, der sein Urteilsvermögen beeinflussen könnte." S. a. Anhang II Ziffer 1. a) der Kommissions-Empfehlung.

3. Feststellung der Unabhängigkeit

Es gilt zu bedenken, dass die Richtigkeit der Selbsteinschätzung des Aufsichtsrats nicht überprüft wird. Ist der Aufsichtsrat also fälschlicherweise der Auffassung, dass ihm eine ausreichende Anzahl unabhängiger Mitglieder angehört, so wird er die Befolgung von Ziffer 5.4.2 DCGK bejahen, ohne dass diese Erklärung nachvollzogen werden kann.[112] De lege ferenda sollte deshalb die Empfehlung zu einer geeigneten Offenlegung der Erwägungsgründe des Aufsichtsrats für die Unabhängigkeit seiner Mitglieder in den DCGK aufgenommen werden.[113]

Fraglich ist, ob anstelle des Aufsichtsratsplenums auch ein Ausschuss für die Einschätzung der Unabhängigkeit tätig werden darf. Da die Beurteilung der Unabhängigkeit von Aufsichtsratsmitgliedern nicht unter den Katalog der allein durch das Aufsichtsratsplenum vorzunehmenden Beschlussgegenstände des § 107 Abs. 3 Satz 2 AktG fällt, kann die Einschätzung der Unabhängigkeit einem Ausschuss übertragen werden.[114] Die Übertragung der Beschlussfassung auf einen Ausschuss kann in vielen Fällen auch zweckmäßig sein, weil im Hinblick auf die Unabhängigkeit einzelner Mitglieder oftmals auch vertrauliche Informationen eine Rolle spielen werden.[115] Auch im Hinblick auf die fehlende Überprüfbarkeit der Einschätzung des Aufsichtsrats stellt eine solche Empfehlung eine gute Lösung dar.

4. Folgen fehlender Unabhängigkeit nach dem DCGK

Da der DCGK nur Empfehlungen abgibt, ergeben sich bei der korrekten Erklärung von Abweichungen nach § 161 AktG keine Sanktionen. Geschäftliche Beziehungen zur Gesellschaft oder deren Vorstand stehen nicht per se einer Mitgliedschaft im Aufsichtsrat entgegen.[116] Interessenkonflikte, insbesondere solche, die aufgrund einer Beratung oder Organfunktion bei Kunden, Lieferanten, Kreditgebern oder sonstigen Geschäftspartnern entstehen können, sollen gem. Ziffer 5.5.2 DCGK dem Aufsichtsrat gegenüber offengelegt werden. Dabei muss der Aufsichtsrat aufgrund des offengelegten Sachverhalts in die Lage versetzt werden, den Kern des Konflikts nachvollziehen zu können.[117] Diese Interessenkonflikte sollen vom Aufsichtsrat in seinem Bericht an die Hauptversammlung dargelegt werden.[118] Lediglich wesentli-

112 Lieder, NZG 2005, 569, 574.
113 Vgl. Ziffer 13.3 der Kommissions-Empfehlung.
114 Hüffer, ZIP 2006, 637, 640.
115 Hüffer, ZIP 2006, 637, 640.
116 Vetter, BB 2005, 1689, 1691.
117 Kremer, in: Ringleb/Kremer/Lutter/v. Werder (Hrsg.), Deutscher Corporate Governance Kodex, Kommentar, 3. Aufl. 2008, Ziffer 5.5.2 Rn. 1127; Kort, Interessenkonflikte bei Organmitgliedern der AG, ZIP 2008, 717, 724.
118 Ziffer 5.5.3 DCGK.

che und nicht nur vorübergehende Interessenkonflikte sollen zur Beendigung des Mandats führen.[119]

Diese öffentliche Behandlung wird z. T. kritisch gesehen, weil befürchtet wird, es könne die Bereitschaft, Interessenkonflikte offenzulegen, negativ beeinflussen, wenn sie in dieser Form öffentlich gemacht werden.[120] Ziffer 5.5.2 DCGK umfasst die ganze Spannweite möglicher Interessengegensätze, von ganz untergeordneten Interessenkonflikten bis zu solchen, die zur Niederlegung des Mandats führen. Das betroffene Aufsichtsratsmitglied muss fürchten, wegen jedes noch so kleinen Interessengegensatzes in der Hauptversammlung, an der es ja teilnehmen soll,[121] am Pranger zu stehen. Hier besteht Handlungsbedarf, Ziffer 5.5.3 DCGK derart zu ändern, dass nur schwerwiegende, im Gremium nicht zu lösende Interessenkonflikte, in der Hauptversammlung entsprechend dargestellt werden sollten.[122]

V. Fazit

Um das Vertrauen der Finanzmärkte wieder zu gewinnen und eine effiziente Kontrolle der Geschäftsführung zu gewährleisten, empfiehlt die Europäische Kommission den Mitgliedstaaten, die Anforderung einer ausreichenden Zahl unabhängiger Mitglieder im Board bzw. Aufsichtsrat ins nationale Recht zu übernehmen. Die Kommission geht dabei vom Konzept der *dependence in appearance* aus, nach dem bestimmte äußere Indizien auf den inneren Befund mangelnder Unabhängigkeit hinweisen. Da die Gesellschaften durch die Aufzählung äußerer Befunde gezwungen werden, den inneren Befund der Unabhängigkeit näher zu erkunden, ohne dass a priori von einer mangelnden Unabhängigkeit ausgegangen wird, ist dieser Ansatz geeignet, die Kontrolleffizienz im Aufsichtsgremium zu verbessern. Für eine ausreichende Zahl unabhängiger Mitglieder ist von der Hälfte des Gremiums als Untergrenze auszugehen. Während die Forderung nach einer Konkretisierung des Begriffs „Unabhängigkeit" auf nationaler Ebene zu begrüßen ist, ist die Empfehlung, dass jeder einzelne Aufsichtsrat sein Verständnis von Unabhängigkeit zum Handlungsmaßstab nehmen soll, abzulehnen, da sie nicht geeignet ist, zu einem zumindest national einheitlichen Verständnis von Unabhängigkeit beizutragen. Sie wurde auch auf nationaler Ebene nicht umgesetzt.

119 Ziffer 5.5.3 Satz 2 DCGK.
120 Peltzer, Handlungsbedarf in Sachen Corporate Governance, NZG 2002, 593, 598.
121 § 118 Abs. 2 Satz 1 AktG.
122 Peltzer, in: FS Priester, 2007, S. 573, 587 ff.; Knapp, Die Treuepflicht der Aufsichtsratsmitglieder von Aktiengesellschaften und Directors von Corporations, 2004, S. 329.

Das deutsche Aktienrecht regelt mögliche Interessenkonflikte bislang nur rudimentär. Während in den USA durch den *Sarbanes-Oxley-Act* und durch Börsenregeln strikte Vorgaben zur Unabhängigkeit von *outside directors* gemacht werden, setzen Großbritannien und Deutschland auf Empfehlungen in den nationalen Corporate Governance-Kodices, deren Befolgung nicht verbindlich ist.

Der Deutsche Corporate Governance Kodex übernimmt das Konzept der *dependence in appearance* nur teilweise, weil die abhängigkeitsbegründenden Indizien des Anhangs II der Kommissions-Empfehlung nicht übernommen wurden, und es nach der Formulierung in Ziffer 5.4.2 DCGK nur auf das tatsächliche Vorliegen eines Interessenkonflikts ankommt. Dennoch bedeutet die Erwähnung von geschäftlichen und persönlichen Beziehungen im DCGK einen Paradigmenwechsel hin zum Konzept der *dependence in appearance*. Es ist zu begrüßen, dass der DCGK mit seinem Konzept der Offenlegung endlich ein von der Literatur schon lange gefordertes Verfahren zum Umgang mit Interessenkonflikten zur Verfügung stellt. Dennoch sollte Ziffer 5.5.3 DCGK derart abgeändert werden, dass nur schwerwiegende und im Aufsichtsrat nicht zu lösende Interessenkonflikte der Hauptversammlung offengelegt werden. Um die Einschätzung der Unabhängigkeit des Aufsichtsrats transparenter zu machen, sollten sowohl eine Empfehlung zur Offenlegung der Erwägungsgründe bei der Selbsteinschätzung des Aufsichtsrats als auch eine Empfehlung zur Übertragung der Einschätzung auf einen Ausschuss in den DCGK aufgenommen werden.

C. Unabhängigkeit bei ehemaligen Vorstandsmitgliedern der Gesellschaft

Die Regierungskommission Deutscher Corporate Governance Kodex hat am 2.6.2005 eine Reihe von Änderungen im DCGK beschlossen. Hauptziel ist die weitere Verbesserung der Aufsichtsratsarbeit namentlich durch die stärkere Betonung der Unabhängigkeit seiner Mitglieder.[123] Besonders hervorzuheben ist die neu eingefügte Ziffer 5.4.4 DCGK, nach der der Wechsel des bisherigen Vorstandsvorsitzenden oder eines Vorstandsmitglieds in den Aufsichtsratsvorsitz oder den Vorsitz eines Aufsichtsratsausschusses nicht die Regel sein und eine entsprechende Absicht der Hauptversammlung besonders begründet werden soll. Das in der Öffentlichkeit sehr kontrovers diskutierte Thema soll hier exemplarisch herausgegriffen werden, um einzelne Aspekte der Unabhängigkeit im Aufsichtsrat zu verdeutlichen.

I. Empirische Daten zu ehemaligen Vorständen im Aufsichtsrat

Der Wechsel vom Vorstandsvorsitz an die Spitze des Aufsichtsrats gilt als krönender Abschluss einer erfolgreichen Topmanagerkarriere und ist in den DAX-30-Unternehmen heiß begehrt.[124] Mitte der neunziger Jahre hatten 12 der 30 DAX-Gesellschaften ein ehemaliges Vorstandsmitglied – in den meisten Fällen den früheren Vorstandsvorsitzenden – als Aufsichtsratsvorsitzenden.[125] Mit dem Wechsel des Vorstandschef der Münchener Rück, *Hans-Jürgen Schinzler*, an die Spitze des Aufsichtsrats im Januar 2004, stand genau die Hälfte der Kontrollgremien der DAX-30-Unternehmen unter der Führung des früheren Vorstandschefs;[126] über alle privaten mitbestimmten Konzernobergesellschaften war in 21 % der Fälle der Aufsichtsratsvorsitzende der ehemalige Vorstandsvorsitzende des Unternehmens.[127]

Selbst wenn der Rückzug aus der operativen Führung des Unternehmens im Zusammenhang mit den Misserfolgen des scheidenden Vorsitzenden steht, schreckten Vorstände bisher nicht vor dem Wechsel an die Aufsichtsratsspitze zurück: So

123 Lieder, NZG 2005, 569, 569.

124 Rode, Der Wechsel eines Vorstandsmitglieds in den Aufsichtsrat – eine gute Corporate Governance?, BB 2006, 341, 341.

125 Gaulke, Der Klub der Kontrolleure – Das Versagen der deutschen Aufsichtsräte, 1997, S. 173 mit namentlicher Auflistung.

126 Bender/Vater, Lückenhaft und unverbindlich – Der Deutsche Corporate Governance Kodex lässt auch nach der Überarbeitung wichtige Kernprobleme der Unternehmensüberwachung ungelöst, DStR 2003, 1807, 1808 mit namentlicher Auflistung; Roth/Wörle, Die Unabhängigkeit des Aufsichtsrats – Recht und Wirklichkeit, ZGR 2004, 565, 585; s.a. die Aufstellung der Deutschen Schutzvereinigung für Wertpapierbesitz, abrufbar unter www.dsw-info.de/Studien.122.0.html.

127 Gerum, Das deutsche Corporate Governance-System – Eine empirische Untersuchung, 2007, S. 230 f.

ließ sich der erfolglose frühere Hypo-Vereinsbank-Chef *Albrecht Schmidt* nach seinem Rücktritt vom Vorstandsvorsitz Anfang 2003 umgehend per Gerichtsbeschluss als Aufsichtsratsvorsitzender einsetzen.[128] Die empirischen Daten zeigen, dass der Wechsel vom kontrollierten Organ ins Organ der Kontrolleure eine hohe Aktualität aufweist.[129] Im Folgenden soll auf die rechtlichen Implikationen eines solchen Wechsels eingegangen werden.

II. Rechtliche Einordnung eines Wechsels vom Vorstand in den Aufsichtsrat

Sitzen ehemalige Vorstände im Aufsichtsrat, so können Interessenkonflikte und damit Kontrollrisiken für die Gesellschaft entstehen. Der Wechsel vom Vorstand in den Aufsichtsrat stellt daher ein spezielles Problem fehlender Unabhängigkeit dar. Im folgenden Abschnitt wird untersucht, wie das deutsche Aktienrecht mit dem Wechsel vom Vorstand in den Aufsichtsrat umgeht und welche Regelungen im Vergleich dazu in Großbritannien und den USA gelten. Daraufhin werden die Empfehlungen der Europäischen Kommission und deren Umsetzung im DCGK näher beleuchtet. Abschließend werden die möglichen Vorteile und die zu erwartenden Nachteile und Risiken eines Wechsels aus Sicht der Gesellschaft gegenübergestellt. Da die Nachteile klar überwiegen, werden Alternativen zur gängigen rechtlichen Behandlung eines Ämtertauschs diskutiert.

1. Aktienrecht

Das deutsche Recht sieht kein Verbot des Wechsels vom Vorstand in den Aufsichtsrat vor. Nach § 105 Abs. 1 AktG ist lediglich die gleichzeitige Ausübung von Vorstandsmandat und Aufsichtsratsmandat ausgeschlossen. Die Regelung des § 105 Abs. 1 AktG soll in erster Linie die Funktionstrennung von Vorstand und Aufsichtsrat, wie sie sich unter anderem aus § 111 Abs. 4 Satz 1 AktG ergibt, personell absichern, um auszuschließen, dass Geschäftsführung und Überwachung in denselben Händen liegen.[130] Somit ist die Niederlegung des Vorstandsmandats für den Zeitpunkt des Amtsantritts im Aufsichtsrat ausreichend.[131] Im Aufsichtsrat kann das ehemalige Vorstandsmitglied nach § 107 Abs. 1 Satz 1 AktG zum Aufsichtsratsvorsitzenden gewählt werden. Der Aufsichtsrat kann jedes beliebige, gewählte oder entsandte Mitglied aus seiner Mitte zum Vorsitzenden wählen. Diesbezügliche Änderungsvor-

128 Bender/Vater, DStR 2003, 1807, 1808 m. w. N.

129 S. a. den Antrag der FDP-Fraktion im Deutschen Bundestag „Professionalität und Effizienz der Aufsichtsräte deutscher Unternehmen verbessern" vom 12.11.08, BT-Drucks. 16/10885, abrufbar unter http://dip21.bundestag.de/dip21/btd/16/108/1610885.pdf.

130 Hopt/Roth, in: Hopt/Wiedemann (Hrsg.), AktG, Großkommentar, Stand: Oktober 2005, § 105 Rn. 6.

131 Hopt/Roth, in: Hopt/Wiedemann (Hrsg.), AktG, Großkommentar, Stand: Oktober 2005, § 105 Rn. 23.

schläge, nach denen ein ehemaliger Vorstandsvorsitzender erst nach einer mehrjährigen Karenzzeit zum Aufsichtsratsvorsitzenden gewählt werden könne, blieben bislang im Aktienrecht unberücksichtigt.[132] Die h. M. geht weiterhin davon aus, dass ein direkter Wechsel vom Vorstand in den Aufsichtsrat möglich ist.[133]

Lange will die Regelung des § 105 Abs. 1 AktG im Zuge einer analogen Anwendung auch auf ehemalige Vorstandsmitglieder übertragen, indem er die Überwachung nicht personen-, sondern gegenstandsbezogen versteht, sodass die überwachte Tätigkeit zu keinem Zeitpunkt in die Überwachungskompetenz des Handelnden fallen darf; also niemand Vorgänge überwachen darf, die er selbst veranlasst hat.[134] Dieser Rechtsgedanke finde sich nach *Lange* auch in § 319 Abs. 2 Satz 1 Nr. 2 HGB a. F.,[135] wonach nicht Abschlussprüfer sein darf, wer „gesetzlicher Vertreter [...] der zu prüfenden Kapitalgesellschaft ist oder in den letzten drei Jahren vor seiner Bestellung war".[136] Im Zuge des Bilanzrechtsreformgesetzes vom 4.12.2004[137] entfiel jedoch das Merkmal der Tätigkeit als gesetzlicher Vertreter innerhalb der letzten drei Jahre, sodass sich daraus keine analoge Wertung mehr herleiten lässt. Auch aus teleologischen Gründen lässt sich eine analoge Anwendung von § 105 Abs. 1 AktG auf den Wechsel vom Vorstand in den Aufsichtsrat nicht herleiten, da laut dem endgültigen Gesetzentwurf der Zweck der Norm darin besteht, „dass nicht tatsächlich die beiden Organe Vorstand und Aufsichtsrat in ein Organ verschmolzen werden".[138] Einem Vorschlag der Regierungskommission Corporate Governance folgend,[139] hat der Gesetzgeber sowohl im Zuge des Transparenz- und Publizitätsgesetzes (TransPuG) vom 21.7.2002[140] als auch im Zuge des Gesetzes zur Unternehmensintegrität und Modernisierung des Anfechtungsrechts (UMAG) vom 22.9.2005[141] darauf verzichtet, das altbekannte Problem des Wechsels vom Vorstand in den Aufsichtsrat zu regeln, und stattdessen die Festlegung von Verhaltensmaßstäben der Regierungskommis-

132 Antrag der FDP-Fraktion: Konzernmitbestimmung neu ordnen – Aufsichtsräte und Eigentümerrechte stärken, BT-Drucks. 15/4038, S. 1, 4; Antrag der Fraktion von Bündnis 90/Die Grünen: Begrenzung der Bankenmacht und Verbesserung der Unternehmenskontrolle – Voraussetzung für mehr Transparenz und Innovation, BT-Drucks. 13/7737, S. 5; Fischer zu Cramburg, Blick nach Brüssel, NZG 2007, 619, 619 m. w. N.

133 LG München I, Urt. v. 09.06.2005 - 5 HK O 10136/03, AG 2005, 623, 624 f.; LG München I, Urt. v. 15.04.2004 - 5 HK O 10813/03, nicht rechtskräftig, NZG 2004, 626, 331 f.; Habersack, Die erfolgsabhängige Vergütung des Aufsichtsrats und ihre Grenzen – Zugleich Besprechung der Entscheidung BGH ZIP 2004, 613 (MobilCom), ZGR 2004, 721, 726; Wirth, ZGR 2005, 327, 341; Habersack, in: MünchKomm AktG, 3. Aufl. 2008, § 105 Rn. 9.

134 Lange, Der Wechsel aus dem Vorstand in den Aufsichtsrat, NZG 2004, 265, 268 f.

135 Vorschrift neugefasst durch das Gesetz zur Einführung internationaler Rechnungslegungsstandards und zur Sicherung der Qualität der Abschlussprüfung (Bilanzrechtsreformgesetz - BilReG) v. 4.12.2004, BGBl. I S. 3166.

136 Anstelle des § 319 Abs. 2 Satz 1 Nr. 2 HGB a. F. ist nun die Vorschrift des §319 Abs. 3 Satz 1 Nr. 2 HGB getreten, die die beendete Verflechtung nicht mehr erfasst.

137 BGBl. I 2004, S. 3166 v. 09.12.2004.

138 Entwurf eines Gesetzes, betreffend die KGaA und AG (1884), Allgemeine Begründung § 12, abgedruckt in Schubert (Hrsg.), Hundert Jahre modernes Aktienrecht, 1985, S. 461.

139 Baums (Hrsg.), Bericht der Regierungskommission Corporate Governance, 2001, Rn. 55.

140 BGBl. I 2002, 2681.

141 BGBl. I 2005, 2802.

sion Deutscher Corporate Governance Kodex überlassen.[142] Somit fehlt es auch an einer für eine Analogie unabdingbaren planwidrigen Regelungslücke.[143]

2. Ausgestaltung im angelsächsischen Rechtskreis

a) USA

Trotz unterschiedlich ausgestalteter Rechtsnormen in den einzelnen Staaten wird die Frage des Wechsels in die Unternehmenskontrolle für börsennotierte Unternehmen im Rahmen der speziellen Börsenregeln einheitlich geregelt. An der *New York Stock Exchange* notierte Unternehmen müssen über ein Board mit einer Mehrzahl unabhängiger Direktoren verfügen, wobei nur als unabhängig angesehen wird, wer kein bedeutendes Geschäftsverhältnis zum Unternehmen unterhält und seit mindestens fünf Jahren nicht mehr als Manager oder Wirtschaftsprüfer bei dem Unternehmen beschäftigt war sowie in dieser Zeit nicht durch Überkreuzmandate in seiner Unabhängigkeit eingeschränkt ist.[144] Damit setzt die NYSE eine rein temporär ausgerichtete starre Regelung, die auf eine *Cooling-off*-Periode von fünf Jahren für ehemalige Manager hinausläuft.

b) Großbritannien

Auch in Großbritannien ist der Wechsel von der Unternehmensleitung zum Vorsitz des Boards keine Seltenheit. So stellte der Higgs Report fest, dass im Jahre 2002 in 24 der FTSE-100-Gesellschaften der Board-Vorsitzende zuvor Generaldirektor derselben Gesellschaft war.[145] In Großbritannien ist die Frage der Kompatibilität von Vorstands- und Aufsichtsratsmandat über den Combined Code on Corporate Governance als Kodex-Regelung ausgestaltet.[146] Danach sollen der Generaldirektor (CEO) und der Vorsitzende des Boards (Chairman) nicht dieselbe Person sein.[147] Ähnlich § 105 Abs. 1 AktG zielt diese Regelung darauf ab, die funktionale Trennung zwischen Management und Kontrolle sicherzustellen. Zudem wird empfohlen, dass ein ehemaliger Generaldirektor nicht direkt im Anschluss den Vorsitz des Boards übernehmen soll.[148] Der Code sieht vor, dass von dieser Vorgabe eine Ausnahme gemacht werden kann, aber nur, wenn zuvor alle wesentlichen shareholder konsultiert wur-

142 Segna, Blockabstimmung und Bestellungshindernisse bei der Aufsichtsratswahl, DB 2004, 1135, 1136.

143 So auch Wirth, ZGR 2005, 327, 341 f.; LG München I, Urt. v. 15.04.2004 - 5 HK O 10813/03, nicht rechtskräftig, AG 2004, 330, 331 f.

144 Corporate Accountability and Listing Standards Committee, Recommendations to the NYSE Board of Directors, 2002, S. 6 f.

145 Higgs, Review of the role and effectiveness of non-executive directors, 2003, S. 18, abrufbar unter www.ecgi.org.

146 The Combined Code on Corporate Governance, abrufbar unter www.ecgi.org (Abruf am 20.9.2008). Die erste Fassung wurde im Jahr 1998 veröffentlicht. Infolge der Ergebnisse des Higgs Reports (Review of the role and effectiveness of non-executive directors) und des Smith Reports (Audit Committees – Combined Code Guidance), beide abrufbar unter www.ecgi.org, wurde am 23.7.2003 eine überarbeitete Ausgabe veröffentlicht. Im Jahr 2006 erfolgte eine erneute Überarbeitung.

147 Sec. A.2.1 Satz 1 Combined Code on Corporate Governance.

148 Sec. A.2.2 Satz 2 Combined Code on Corporate Governance.

den und die Entscheidung in der Hauptversammlung erläutert sowie im nächsten Jahresbericht veröffentlicht wird.[149] Diese Regelung schafft eine maximale Transparenz und ist geeignet, dem Wechsel im Einzelfall eine ausreichende Akzeptanz der Eigentümer des Unternehmens sicherzustellen.

3. Die Empfehlung der Europäischen Kommission

Die Europäische Kommission empfiehlt, den ehemaligen Vorstandsvorsitzenden nicht sofort zum Aufsichtsratsvorsitzenden zu bestellen.[150] In den Fällen, in denen dies dennoch geschieht, sollen Informationen über die getroffenen Schutzvorkehrungen gegeben werden.[151] Den Wechsel eines normalen Vorstandsmitglieds in den Aufsichtsrat will die Kommissions-Empfehlung nicht unterbinden. Nach Anhang II Ziffer 1. a) der Kommissions-Empfehlung darf ein Aufsichtsratsmitglied aber nicht zugleich Vorstandsmitglied der gleichen Gesellschaft sein. Dies entspricht der geltenden Regelung in § 105 Abs. 1 Satz 1 AktG. Darüber hinaus soll es ein solches Amt aber auch innerhalb der letzten fünf Jahre nicht ausgeübt haben.[152] Nach dem Konzept der dependence in appearance gelten ehemalige Vorstände innerhalb dieser Frist also ohne weitere Prüfung als nicht unabhängig. Diese rein formale Sichtweise geht davon aus, dass ein ehemaliges Vorstandsmitglied während dieses Zeitraums nicht fähig ist, etwaige Interessenkonflikte aus seiner eigenen Amtszeit im Sinne der Gesellschaft zu lösen. Die Kommission spricht sich damit für eine Cooling-off-Periode von fünf Jahren aus.

4. Der Deutsche Corporate Governance Kodex

Um die Empfehlung der Europäischen Kommission umzusetzen, fügte die Regierungskommission Deutscher Corporate Governance Kodex am 2.6.2005 die Ziffer 5.4.4 in den DCGK ein. Danach soll der Wechsel des bisherigen Vorstandsvorsitzenden in den Aufsichtsrat nicht die Regel sein und eine entsprechende Absicht in der Hauptversammlung besonders begründet werden. Damit hat sich die Regierungskommission zwar gegen den vielfach kritisierten Automatismus eines Wechsels ausgesprochen, die von der Europäischen Kommission empfohlene *Cooling-off*-Periode jedoch im Ergebnis abgelehnt. Die Umsetzung bleibt somit hinter der Empfehlung der Europäischen Kommission zurück.[153] Dies wird von der Europäischen Kommissi-

149 Sec. A.2.2 Satz 3 Combined Code on Corporate Governance.
150 Ziffer 3.2 Satz 3 der Kommissions-Empfehlung.
151 Ziffer 3.2 Satz 4 der Kommissions-Empfehlung.
152 Anhang II Ziffer 1. a) der Kommissions-Empfehlung.
153 Anders Maul, BB 2005, Beil. 9, 2, 4, die dem Kodex hier überschießende Umsetzung vorwirft; Kort, AG 2008, 137, 146, der die Empfehlung entsprechend umgesetzt sieht.

on in ihrem Bericht zur Umsetzung der Empfehlung auch eindeutig kritisiert.[154] Der Wechsel vom Vorstand in den Aufsichtsrat wurde entgegen der Kommissions-Empfehlung auch nicht als abhängigkeitsbegründendes Indiz in den DCGK aufgenommen; weder anhand einer Auflistung möglicher Indizien, noch durch Aufnahme in die Unabhängigkeitsdefinition von Ziffer 5.4.2 Satz 2 DCGK.

Das Thema des Wechsels vom Vorstand an die Spitze des Aufsichtsrats war schon im Jahre 2004 aufgrund des Drucks der öffentlichen Meinung auf die Tagesordnung der Regierungskommission gesetzt worden. Damals vertrat die Regierungskommission allerdings noch die Ansicht, dass kein Handlungsbedarf bestehe.[155] Auch nach Erlass der Empfehlung der Europäischen Kommission sagte der Vorsitzende der Regierungskommission Deutscher Corporate Governance Kodex *Gerhard Cromme*: „Der Wechsel in den Aufsichtsrat soll, wenn auch kein Regelfall, weiterhin unmittelbar und ohne Einhaltung einer Frist möglich sein."[156] Eine Initiative zur gesetzlichen Regelung des Wechsels vom Vorstand an die Spitze des Aufsichtsrats durch den Fraktionsvorsitzenden der CDU, *Kauder,* stieß auf den Widerstand der Bundesjustizministerin *Zypries,* die sich auf die bereits existierende Kodex-Regelung berief und eine Entscheidung der Ermessensfreiheit der Unternehmen überlassen will.[157]

a) Auslegung von Ziffer 5.4.4 Satz 1 DCGK

Zu Recht kritisiert *Vetter,* dass die Kodex-Empfehlung wenig praktikabel ist, weil unklar bleibt, worauf sich die Regelbetrachtung bezieht. Insbesondere kann eine Betrachtung der Praxis in anderen börsennotierten Unternehmen nicht genügen, um einen allgemeine Regel zu begründen, weil die wirtschaftliche und personelle Situation von Unternehmen zu Unternehmen variiert und damit kaum Rückschlüsse auf die Begründetheit einer Bestellung im Einzelfall zulässt.[158] Im Einzelfall kann die besondere wirtschaftliche oder personelle Situation eines Unternehmens eine solche Maßnahme ausnahmsweise erfordern.[159] Es ist auch zu berücksichtigen, dass grundsätzlich jeder Wechsel vom Vorstand in den Aufsichtsrat problematisch sein kann, nicht erst, wenn dies nach mehrfachem Wechsel die Regel in einem Unternehmen ist.[160]

154 Europäische Kommission, Bericht zur Umsetzung der Empfehlung der Kommission zu den Aufgaben der nicht-geschäftsführenden Direktoren/Aufsichtsratsmitglieder sowie zu den Ausschüssen des Verwaltungs-/Aufsichtsrats durch die Mitgliedstaaten vom 13.7.2007, abrufbar unter http://ec.europa.eu/internal_market/company/docs/independence/sec20071022_en.pdf.

155 Lange, NZG 2004, 265, 268.

156 Fischer zu Cramburg, NZG 2007, 619, 619.

157 Fischer zu Cramburg, NZG 2007, 619, 619.

158 So auch Kirschbaum, Deutscher Corporate Governance Kodex überarbeitet, DB 2005, 1473, 1473 f.; Hopt/Roth, in: Hopt/Wiedemann (Hrsg.), AktG, Großkommentar, Stand: Oktober 2005, § 107 Rn. 472.

159 Zum Ganzen Vetter, BB 2005, 1689, 1693.

160 Kirschbaum, DB 2005, 1473, 1474.

Der Vorschlag *Vetters*, nach der der Anschein einer Regel dann gegeben sein soll, wenn bereits der bisher tätige Aufsichtsratsvorsitzende zuvor Vorstandsvorsitzender gewesen sei und nach dessen Ausscheiden der aktuelle Vorstandsvorsitzende zum Aufsichtsratsvorsitzenden bestimmt werden soll, vermag m. E. zu überzeugen. Letztlich wird aber dennoch durch die Regelbetrachtung eine jahrzehntelange Amtszeit des ehemaligen Vorstandsmitglieds ermöglicht, ohne dass eine Abweichung vom Kodex erklärt werden müsste.[161] Die weite Formulierung lässt den Unternehmen einen erheblichen Interpretationsspielraum. Da kaum zu erwarten ist, dass Unternehmen in ihrer Entsprechenserklärung nach § 161 AktG den Wechsel vom Vorstand in den Aufsichtsrat als Regel erklären werden, scheint die Kodex-Empfehlung im Ergebnis aber praktisch wirkungslos.[162]

b) Umsetzung von Ziffer 5.4.4 DCGK

Für die Umsetzung der Kodex-Empfehlung muss sich der Aufsichtsrat mit der Frage des Wechsels vom Vorstand in den Aufsichtsrat befassen und zum Ergebnis kommen, dass ein Wechsel nicht die Regel sein soll. Diese Diskussion kann im Rahmen der Effizienzprüfung oder im Rahmen der Behandlung der jährlichen Entsprechenserklärung erfolgen.[163]

Die Absicht der Übernahme des Aufsichtsratsvorsitzes oder des Vorsitzes eines Ausschusses durch ein ehemaliges Vorstandsmitglied soll nach Ziffer 5.4.4 Satz 2 DCGK der Hauptversammlung gegenüber besonders begründet werden. Diese Begründung ist nach der Kodex-Empfehlung vom Aufsichtsrat zu beschließen und den Aktionären bei anstehenden Neuwahlen zum Aufsichtsrat bekannt zu geben. Während man den Wortlaut der Kodex-Empfehlung so verstehen kann, dass dieser Beschluss vom gesamten Aufsichtsrat zu fassen ist,[164] ist richtigerweise davon auszugehen, dass bei einem mitbestimmten Aufsichtsrat nur die Stimmen der Aktionärsvertreter maßgeblich sind, da nur ihnen die Aufgabe obliegt, der Hauptversammlung Beschlussvorschläge nach § 124 Abs. 3 Satz 4 AktG zur Wahl von Aufsichtsratsmitgliedern zu unterbreiten.[165] Soll ein ehemaliges Vorstands- und aktuelles normales Aufsichtsratsmitglied während einer laufenden Aufsichtsratsperiode zum Aufsichtsratsvorsitzenden gewählt werden, muss keine außerordentliche Hauptversammlung einberufen werden; es genügt, wenn die nächste turnusmäßig anstehende Hauptversammlung über die Gründe für die Wahl unterrichtet wird.

161 Leyens, Information des Aufsichtsrats, 2006, S. 251.

162 Rode, BB 2006, 341, 342.

163 Kremer, in: Ringleb/Kremer/Lutter/v. Werder, Deutscher Corporate Governance Kodex, Kommentar, 3. Aufl. 2008, Ziffer 5.4.4 Rn. 1065.

164 So auch Kremer, in: Ringleb/Kremer/Lutter/v. Werder, Deutscher Corporate Governance Kodex, Kommentar, 3. Aufl. 2008, Ziffer 5.4.4 Rn. 1066.

165 Vetter, BB 2005, 1689, 1694; Hüffer, ZIP 2006, 637, 640; a. A. Fischer, BB 2006, 337, 340.

c) Ziffer 5.4.2 Satz 3 DCGK: Maximal 2 ehemalige Vorstände

Während Ziffer 5.4.4 DCGK einen Wechsel vom Vorstand in den Aufsichtsratsvorsitz zu unterbinden sucht, stellt Ziffer 5.4.2 Satz 3 DCGK klar, dass der Wechsel vom Vorstand zu einem normalen Aufsichtsratsmandat nicht generell unterbunden werden soll. Dies entspricht der Empfehlung der Kommission. Im Interesse einer unabhängigen Beratung und Überwachung empfiehlt der Kodex in Ziffer 5.4.2 Satz 3, dass dem Aufsichtsrat nicht mehr als zwei ehemalige Vorstandsmitglieder angehören sollen.

Hintergrund dieser Empfehlung ist es, die Entwicklung des Unternehmens nicht durch Personenidentität zu behindern. Ein Generationenwechsel soll auch die Möglichkeit mit sich bringen, unternehmerische Fehlentwicklungen zu korrigieren und einen Neubeginn zu wagen. Dies stößt auf Schwierigkeiten, wenn der ehemalige Vorstandsvorsitzende den Aufsichtsratsvorsitz übernimmt und dazu noch von einem ehemaligen Kollegen unterstützt wird. Käme noch ein drittes ehemaliges Vorstandsmitglied hinzu, könnte die Situation je nach Größe des Aufsichtsrats für den amtierenden Vorstand unerträglich werden.[166] *Berrar* sieht durch die Berufung von Altvorständen in den Aufsichtsrat das Prinzip der Funktionstrennung im dualen System bereits materiell in gewisser Weise verletzt.[167] Im Grundsatz ist eine Begrenzung auf zwei Ex-Vorstände deshalb zu begrüßen, auch wenn kritisch anzumerken ist, dass sich die starre Festlegung auf zwei ehemalige Vorstände in einem dreiköpfigen Aufsichtsrat völlig anders auswirkt, als in einem zwanzigköpfigen Gremium.

d) Entschärfung der Selbstkontrolle

Zwar soll nach Ziffer 5.2 DCGK der Aufsichtsratsvorsitzende zugleich Vorsitzender der Ausschüsse sein, die die Vorstandsverträge behandeln und die Aufsichtsratssitzungen vorbereiten, er soll jedoch explizit nicht der Vorsitzende des Prüfungsausschusses sein, eben weil der Aufsichtsratsvorsitzende dem Vorstand in aller Regel besonders nahe steht.[168] Ganz explizit sieht Ziffer 5.3.2 Satz 3 DCGK vor, dass kein ehemaliges Vorstandsmitglied den Vorsitz im Prüfungsausschuss übernehmen soll. Hierdurch wird die Gefahr der Selbstkontrolle ehemaliger Manager zumindest teilweise entschärft.

5. Zwischenfazit

Der direkte Wechsel vom Vorstand in den Aufsichtsrat ist in Deutschland gängige Praxis und wird bislang rechtlich nicht sanktioniert. Während in den USA eine stren-

166 Peltzer, Deutsche Corporate Governance – Ein Leitfaden, 2. Aufl. 2004, Rn. 282.

167 Berrar, Zur Reform des AR nach den Vorschlägen der Regierungskommission „Corporate Governance", NZG 2001, 1113, 1119.

168 Kort, AG 2008, 137, 144; Pfitzer/Höreth, in: Pfitzer/Oser/Orth (Hrsg.), Deutscher Corporate Governance Kodex, 2. Aufl. 2005, S. 164.

ge *Cooling-off*-Periode von fünf Jahren gilt, sieht Großbritannien eine Kodex-Empfehlung vor, nach der ein direkter Wechsel im Grundsatz nicht, und wenn, dann erst nach Konsultationen mit wesentlichen *shareholdern* und einer Erläuterung in der Hauptversammlung stattfinden soll.

Die Kommissions-Empfehlung spricht sich für eine fünfjährige *Cooling-off*-Periode nach amerikanischem Vorbild aus. Die Regierungskommission DCGK ist dem nicht gefolgt und hat mit Ziffer 5.4.4 DCGK sehr vage formuliert, dass ein Wechsel vom Vorstand an die Spitze des Aufsichtsrats nicht die Regel sein soll. Der Verfasser dieser Arbeit spricht sich dafür aus, bei zwei aufeinanderfolgenden Wechseln von Vorständen in den Aufsichtsratsvorsitz vom Anschein einer Regel auszugehen. Ein genereller Wechsel in den Aufsichtsrat soll nach dem DCGK möglich sein; allerdings sollen nur maximal zwei ehemalige Vorstände im Aufsichtsrat sitzen. Die Empfehlungen im DCGK zum Wechsel vom Vorstand in den Aufsichtsrat stellen keinen eindeutigen Bezug zum Problem der Unabhängigkeit her. Die Stellung als ehemaliger Vorstand wird nicht wie die persönlichen und geschäftlichen Beziehungen in der Definition von Unabhängigkeit in Ziffer 5.4.2 DCGK erwähnt. Sie wird somit auch nicht vom DCGK im Rahmen der Entsprechenserklärung zu Ziffer 5.4.2 problematisiert. Im Ergebnis fällt die Umsetzung der Kommissions-Empfehlung im DCGK in Bezug auf den Wechsel vom Vorstand in den Aufsichtsrat sehr viel schwächer aus, als es die Empfehlung nahelegt.

6. Abwägung von Chancen und Risiken eines Wechsels

a) Gründe für den Wechsel vom Vorstand in den Aufsichtsrat

Für einen Wechsel vom Vorstand in den Aufsichtsrat wird als Grund weithin die besondere Expertise des ehemaligen Vorstandsmitglieds, insbesondere des Vorstandsvorsitzenden, genannt, die der kritischen Diskussion im Aufsichtsrat sowie dessen Beratungsaufgabe dienlich seien.[169] Dieses Argument ist, auch wenn es für die vorliegende Untersuchung nicht sehr viel Platz einnimmt, in seiner Bedeutung für ein Unternehmen nicht zu unterschätzen und häufig eines der Hauptargumente für einen Wechsel vom Vorstand in den Aufsichtsrat. Ein ehemaliges Vorstandsmitglied hat aufgrund seines Amtes eine überragende Fach-, Führungs- und Unternehmenskenntnis.[170] Ein ehemaliger Vorstandsvorsitzender wird auch meist genügend Autorität mitbringen, um ein starker Aufsichtsratsvorsitzender zu werden und den neuen

169 Lieder, NZG 2005, 569, 572; Frühauf, Geschäftsleitung in der Unternehmenspraxis, ZGR 1998, 407, 417; Claussen/Bröcker, AG 2000, 481, 490; Schäfer, Der Prüfungsausschuss – Arbeitsteilung im Aufsichtsrat, ZGR 2004, 416, 417 f.; Kort, AG 2008, 137, 146 f.; Berrar, NZG 2001, 1113, 1118.

170 Clemm, Reform des Aufsichtsrats? Bemerkungen und Wünsche aus Wirtschaftsprüfer-Sicht, BFuP 1996, 269, 272.

Vorstand wirksam zu kontrollieren.[171] Insbesondere bei Gesellschaften mit hohem Streubesitz wird die Verstärkung des Aufsichtsrats durch eine fachlich kompetente und zugleich persönlich durchsetzungsstarke Persönlichkeit wichtig, um eine effiziente Kontrolle der Unternehmensleitung zu gewährleisten. Unter Umständen hat das frühere Vorstandsmitglied Einblicke in Sachverhalte, die den übrigen Aufsichtsratsmitgliedern verborgen sind, sodass es in seiner neuen Funktion an den Vorstand Fragen richten kann, die den übrigen Aufsichtsratsmitgliedern mangels Detailkenntnis so nicht in den Sinn kommen würden.[172]

Geschäftliche Insider mögen zudem ein höheres Risikobewusstsein mitbringen als außenstehende Dritte, die die Gefahren der Branche nicht kennen.[173] Ein ehemaliges Vorstandsmitglied kann so entscheidend dazu beitragen, eventuelle Gefahren von der Gesellschaft abzuwenden und auf Risiken hinzuweisen. Da mit dem ausgeschiedenen Vorstandsmitglied ein ehemaliger Kollege des Vorstandsteams nun im Aufsichtsrat sitzt, kann dies zu einem besseren Verhältnis der beiden Organe und so zu einer effizienteren Zusammenarbeit führen.[174] Dies wird nicht nur den Informationsfluss zwischen den Organen positiv beeinflussen, sondern auch positive Auswirkungen auf die Akzeptanz der Beratung des Vorstands durch den Aufsichtsrat haben. Durch die personelle Kontinuität kann zudem verhindert werden, dass Brüche in der Unternehmenssteuerung eintreten, indem abrupte Strategiewechsel durch ein völlig neues Führungspersonal vermieden werden.[175] Insbesondere bei den großen DAX-30-Gesellschaften kann ein ehemaliger Vorstand Kontinuität in die komplexe Steuerung eines multinationalen Unternehmens bringen.

b) Nachteile und Interessenkonflikte

Die Risiken und Nachteile, die sich aus einem direkten Wechsel vom Vorstand in den Aufsichtsrat ergeben, sind mannigfaltig und resultieren insbesondere aus Interessenkonflikten des ehemaligen Vorstandsmitglieds. *Lutter* definiert einen Interessenkonflikt als „diejenige Situation weiterer und einander objektiv entgegenstehender Interessen in der Person eines Organmitglieds einschließlich der ihm nahestehenden Personen und Unternehmen, von der man bei objektiver Betrachtung nicht sicher sein kann, dass das betreffende Organmitglied dennoch und unbedingt allein die Interessen seiner Gesellschaft verfolgen wird."[176] Hierbei sind zahlreiche Fallgruppen denkbar.

171 Schiessl, Deutsche Corporate Governance post Enron, AG 2002, 593, 598.
172 Lange, NZG 2004, 265, 266; Claussen/Bröcker, AG 2000, 481, 490.
173 Claussen/Bröcker, AG 2000, 481, 490.
174 Lange, NZG 2004, 265, 266.
175 Lange, NZG 2004, 265, 266; Clemm, BFuP 1996, 269, 272.
176 Lutter, in: FS Priester, 2007, S. 417, 423.

aa) Mangelhafte Kontrolltätigkeit

Wechseln ehemalige Vorstände direkt in den Aufsichtsrat, besteht ein erhebliches Risiko, das sie an der Kontrolle von Sachverhalten aus der eigenen Amtszeit als Vorstandsmitglied mitwirken sollen. Zudem kann die effektive Kontrolle aufgrund von Abhängigkeitsverhältnissen mit dem Nachfolger im Vorstand eingeschränkt sein. Deshalb ist auf den Umgang mit solchen Interessenkonflikten sowie auf eine mögliche Haftung näher einzugehen.

(1) Überwachungspflichten des Aufsichtsrats

Der Aufsichtsrat hat die Geschäftsführung zu überwachen.[177] Die laufende Aufsicht des Aufsichtsrats hat sich auf die Wahrnehmung der originären Führungsfunktionen durch den Vorstand und die Führungsentscheidungen des Vorstands zu richten. Voraussetzung für eine wirksame Kontrolltätigkeit ist stets die vollständige Erfassung aller für eine Entscheidung bedeutsamen Tatbestände und Einflussfaktoren. Eine solche vollständige Erfassung des relevanten Sachverhalts muss von jedem Aufsichtsratsmitglied erwartet werden.[178] Der Aufsichtsrat muss sich dabei an unterschiedlichen Vorgaben orientieren:

- wirtschaftliche Vorgaben: Das Unternehmen muss im Rahmen des Unternehmensgegenstandes einen angemessenen Gewinn erzielen.

- Rechtliche Vorgaben: Unternehmerische Entscheidungen müssen den Grundsätzen der Ordnungsmäßigkeit, der Rechtmäßigkeit, der Wirtschaftlichkeit und der Zweckmäßigkeit entsprechen.

- Unternehmensbezogene Vorgaben: Die Ist-Zahlen müssen mit den Daten der jeweiligen Unternehmensplanung und zusätzlich auch den Zahlen des Vorjahres verglichen und Abweichungen herausgestellt werden. Die Ursachen der Abweichungen müssen ermittelt und kritisch erörtert werden.[179]

(2) Mangelnde Aufarbeitung der eigenen Amtszeit

Im Ämtertausch liegt die Gefahr, dass ehemalige Vorstandsmitglieder in der Überwacherfunktion versuchen könnten, eigenes Missmanagement aus ihrer Amtszeit im Vorstand zu vertuschen.[180] Das neue Aufsichtsratsratsmitglied wird permanent mit Sachverhalten konfrontiert werden, über die es in seiner Zeit als Vorstand zu entscheiden hatte; es wirkt somit an seiner eigenen Kontrolle mit, was kaum ohne

177 § 111 Abs. 1 AktG.
178 Semler, in: Semler/v. Schenck (Hrsg.), Arbeitshandbuch für Aufsichtsratsmitglieder, 2. Aufl. 2004, § 1 Rn. 176.
179 Semler, in: Semler/v. Schenck (Hrsg.), Arbeitshandbuch für Aufsichtsratsmitglieder, 2. Aufl. 2004, § 1 Rn. 179.
180 Lieder, NZG 2005, 569, 572; Schiessl, AG 2002, 593, 598; Bender/Vater, DStR 2003, 1807, 1808.

Befangenheit geschehen kann.[181] Insbesondere bei den beiden letztgenannten Vorgaben ergibt sich die Gefahr, dass ehemalige Vorstandsmitglieder eigenes Missmanagement aus ihrer Amtszeit nicht kritisch erörtern werden. Sollten einzelne unternehmerische Entscheidungen nicht den Grundsätzen der Rechtmäßigkeit entsprechen, wie z. B. die wissentliche Duldung von Schmiergeldzahlungen operativer Einheiten zum Zwecke der Auftragssicherung, so wird ein beteiligter Ex-Vorstand kaum die nötige Anstrengung aufbringen, um diesen Sachverhalt lückenlos aufzudecken, geschweige denn überhaupt ans Licht zu bringen.

Ist für einen ehemaligen Vorstand absehbar, dass gravierende Abweichungen zwischen den Ist-Zahlen und der Unternehmensplanung nachweisbar auf Fehlentscheidungen während der eigenen Amtszeit im Vorstand zurückzuführen sind, wird ihm kaum daran gelegen sein, die Ursachen der Abweichungen kritisch zu erörtern. Jedes Aufsichtsratsmitglied ist zwar verpflichtet, den Bericht des Abschlussprüfers durchzuarbeiten und Widersprüchen nachzugehen.[182] Fallen Unstimmigkeiten auf, muss es versuchen, diese durch Rücksprache mit dem Abschlussprüfer und der Geschäftsführung zu klären. Sollten Bedenken bestehen bleiben, ist das dem Aufsichtsrat eingeräumte Einsichts- und Prüfungsrecht auszuüben.[183] Es kann aber nur in seltenen Fällen davon ausgegangen werden, dass ein ehemaliges Vorstandsmitglied diese Maßnahmen ergreifen wird, um von ihm zu verantwortende Fehler in der Bilanzierung aufzudecken. Dieses Problem wird freilich besonders beim ersten zu prüfenden Abschlussbericht nach der Amtsübernahme als Aufsichtsratsmitglied relevant, denn nach gängiger Praxis erfolgt der Wechsel aus dem Vorstand in den Aufsichtsrat ohne nennenswerte zeitliche Karenz, sodass tatsächlich direkt Zahlen aus der eigenen Geschäftsführungstätigkeit überprüft werden müssen.

Wenn der Aufsichtsrat der Meinung ist, der Vorstand habe seine Pflichten, nämlich die ihm obliegende Sorgfalt eines ordentlichen und gewissenhaften Geschäftsleiters, schuldhaft verletzt, dann muss er prüfen, ob er nicht für die Gesellschaft eine Schadensersatzklage gem. §§ 93 Abs. 2, 112 AktG gegen Mitglieder des Vorstands erheben muss.[184] Selbst wenn er sich durch Unterlassen der Prüfung erneut aufgrund der Verletzung seiner Sorgfaltspflichten als Aufsichtsratsmitglied schadensersatzpflichtig macht, ist nicht damit zu rechnen, dass ein ehemaliger Vorstand ernsthaft die Vorbereitung einer Klage gegen sich selbst vorantreiben wird, sofern ihm eine schadensersatzbegründende schuldhafte Pflichtverletzung während seiner Amtszeit als Vorstand vorzuwerfen wäre. Hier ergibt sich ein nicht zu vernachlässigender Spiel-

181 Rode, BB 2006, 341, 342; Kort, AG 2008, 137, 147.

182 v. Schenck, in: Semler/v. Schenck (Hrsg.), Arbeitshandbuch für Aufsichtsratsmitglieder, 2. Aufl. 2004, § 7 Rn. 103.

183 BGH, Urt. v. 7. 11. 1977 - II ZR 43/76, NJW 1978, 425.

184 BGH, Urt. v. 21.04.1997 - II ZR 175/95, ZIP 1997, 883; Semler, in: Semler/v. Schenck (Hrsg.), Arbeitshandbuch für Aufsichtsratsmitglieder, 2. Aufl. 2004, § 1 Rn. 189.

raum hinsichtlich der Intensität der Prüfung, da sich für den Aufsichtsrat zwar eine Pflicht zum Einschreiten ergeben kann, er aber letztlich keine Strafverfolgungsbehörde ist.[185] Ergeben sich Anzeichen für eine geringfügige Gesetzesverletzung, muss der Aufsichtsrat nicht sogleich besondere Untersuchungen einleiten. Der Aufsichtsrat muss beurteilen, ob dem Unternehmen aus dem fraglichen Sachverhalt ein Risiko entsteht; er muss nicht Ermittlungen nur deshalb durchführen, um festzustellen, ob Gesetzesverstöße begangen worden sind.[186] Bei Verdacht eines schwerwiegenden Verstoßes besteht indes generell eine Verpflichtung des Aufsichtsrats, weitere Nachforschungen anzustellen.[187]

(3) Abhängigkeitsverhältnisse mit dem Nachfolger

Die bisherige gesellschaftsrechtliche Diskussion hat sich vor allem auf diejenigen Interessenkonflikte konzentriert, die aus der Wahrnehmung von Ämtern außerhalb der Gesellschaft resultieren, insbesondere bei Aufsichtsratsmandaten in Konkurrenzunternehmen. Die Effektivität der Überwachungstätigkeit kann jedoch genauso in Frage gestellt sein, wenn die Mitglieder des Aufsichtsrats nicht die ausreichende Unabhängigkeit vom eigenen Vorstand aufweisen.[188] Dann besteht neben der Gefahr, dass ein ehemaliges Vorstandsmitglied im Aufsichtsrat die eigenen Fehlleistungen in der Vergangenheit weniger intensiv kontrollieren wird, zusätzlich das Risiko, dass die Kontrollintensität hinsichtlich des aktuellen Vorstands hinter der außenstehender Dritter zurückbleibt. Werden etwa gravierende Fehlleistungen des ehemaligen Vorstands durch seinen Nachfolger entdeckt, so wird der ehemalige Vorstand abhängig vom Wohlwollen seines Nachfolgers, wodurch dieser die Kontrollintensität und das Risiko der Sanktionierung eigenen Fehlverhaltens reduzieren kann.[189] Eine größere Rücksichtnahme kann auch resultieren, wenn sich Kollegen aus der Zeit im Vorstand noch immer im aktuellen Vorstand befinden, sodass das ehemalige Vorstandsmitglied aus falsch verstandener Solidarität mit den ehemaligen Kollegen die vorzuziehenden Interessen der Gesellschaft hintenanstellt.

Sofern das ehemalige Vorstandsmitglied vom Wohlwollen des Nachfolgers abhängig ist, liegt ein direktes Abhängigkeitsverhältnis vor. Diese Konstellation wird zwar weder in den Fallbeispielen des Anhangs II der Empfehlung, noch im Deutschen Corporate Governance Kodex explizit erwähnt; hier handelt es sich jedoch um eine typische Interessenkollision. Nach § 111 Abs. 1 AktG hat der Aufsichtsrat die Geschäftsführung zu überwachen. Er hat dies gemäß dem Gesellschaftsinteresse so

185 v. Schenck, in: Semler/v. Schenck (Hrsg.), Arbeitshandbuch für Aufsichtsratsmitglieder, 2. Aufl. 2004, § 7 Rn. 122.
186 v. Schenck, in: Semler/v. Schenck (Hrsg.), Arbeitshandbuch für Aufsichtsratsmitglieder, 2. Aufl. 2004, § 7 Rn. 123; Lutter/Krieger, Rechte und Pflichten des Aufsichtsrats, 5. Aufl. 2008, § 3 Rn. 65; Körper/Hähnel, in: Pfitzer/Oser/Orth (Hrsg.), Deutscher Corporate Governance Kodex, 2. Aufl. 2005, S. 368.
187 v. Schenck, in: Semler/v. Schenck (Hrsg.), Arbeitshandbuch für Aufsichtsratsmitglieder, 2. Aufl. 2004, § 7 Rn. 123.
188 Oetker, in: Hommelhoff/Hopt/v. Werder (Hrsg.), Handbuch Corporate Governance, 2003, S. 272.
189 Lange, NZG 2004, 265, 267; Berrar, NZG 2001, 1113, 1119.

zu tun, dass Missmanagement und Fehlverhalten möglichst lückenlos aufgedeckt werden. Ein vom neuen Vorstand abhängiges Aufsichtsratsmitglied wird aber aus privaten Interessen darum bemüht sein, den neuen Vorstand zu schonen.

Die Mitgliedschaft des ehemaligen Vorstandsmitglieds im Aufsichtsrat kann sich auch negativ auf die Bereitschaft des gesamten Aufsichtsrats auswirken, Schadensersatzansprüche der Gesellschaft gegen ehemalige Vorstandsmitglieder durchzusetzen, aus der Befürchtung heraus, Mitverantwortung für eine pflichtwidrige Geschäftsführung tragen zu müssen.

(4) Rechtliche Anforderungen an den Umgang mit Interessenkonflikten
Im Folgenden soll erörtert werden, wie befangene Ex-Vorstände mit derartigen Interessenkonflikten im Interesse der Gesellschaft umgehen sollten.

(a) Grundsatz der Rollentrennung
Für einen Interessenkonflikt gilt zuvörderst der Grundsatz der Rollentrennung, nach dem ein Organmitglied in seiner Rolle als Aufsichtsratsmitglied dem Unternehmensinteresse den Vorrang geben muss und eigene oder fremde Interessen auszublenden hat.[190] Niemand kann aber eigene Interessen völlig ausblenden und *nur* an die Interessen der eigenen Gesellschaft denken, mag er sich auch noch so sehr bemühen, sodass der Grundsatz der Rollentrennung allein nicht weiter hilft.[191]

(b) Stimmenthaltung bei Interessenkonflikten
Ein befangenes Aufsichtsratsmitglied kann sich, wenn eigene Interessen betroffen sind, bei der Abstimmung der Stimme enthalten. Denkbar sind auch ein Verzicht auf die Einbindung in den Informationsfluss zu dem betreffenden Gegenstand und der Verzicht auf die Sitzungsteilnahme bei der Erörterung und Entscheidung der betreffenden Angelegenheit.[192] Eine Stimmenthaltung kann zwar geeignet sein, Haftungsrisiken aus Sicht des Organmitglieds zu minimieren, aus Sicht der Gesellschaft kann aber aufgrund der Freiwilligkeit der Stimmenthaltung mit diesem Mittel nicht sichergestellt werden, dass die Kontrolltätigkeit immer allein im Gesellschaftsinteresse ausgeübt wird.

(c) Offenlegung von Interessenkonflikten
Ziffer 5.5.2 DCGK sieht vor, dass jedes Aufsichtsratsmitglied Interessenkonflikte dem Aufsichtsrat gegenüber offenlegen soll. Dieser Grundsatz ergibt sich bereits nach

190 Lutter/Krieger, Rechte und Pflichten des Aufsichtsrats, 5. Aufl. 2008, § 12 Rn. 897; Möllers, Interessenkonflikte von Vertretern des Bieters bei Übernahme eines Aufsichtsratsmandats der Zielgesellschaft, ZIP 2006, 1615, 1615.

191 Lutter, in: FS Priester, 2007, S. 417, 419; Lutter/Krieger, Rechte und Pflichten des Aufsichtsrats, 5. Aufl. 2008, § 12 Rn. 898.

192 Lutter/Krieger, Rechte und Pflichten des Aufsichtsrats, 5. Aufl. 2008, § 12 Rn. 900, § 13 Rn. 1003; Semler, in: Semler/v. Schenck (Hrsg.), Arbeitshandbuch für Aufsichtsratsmitglieder, 2. Aufl. 2004, § 1 Rn. 223; Lange, NZG 2004, 265, 269; v. Werder/Wieczorek, DB 2007, 297, 302; Peltzer, in: FS Priester, 2007, S. 573, 587.

geltendem Recht aus der Treuepflicht der Organmitglieder.[193] Der Interessenkonflikt ist spätestens dann offenzulegen, wenn er Auswirkungen auf die Beratungen des Aufsichtsrats hat.[194] Dies soll dem Aufsichtsratsvorsitzenden die Möglichkeit geben, einschlägige Maßnahmen (wie etwa den Ausschluss von der jeweiligen Ausschusssitzung) zu treffen.[195] Sofern die betroffenen Personen den Interessenkonflikt offenlegen, kann sich die Gesellschaft auf die Konfliktsituation einrichten und entsprechend reagieren. Nach Ziffer 5.5.3 DCGK soll der Aufsichtsrat die Hauptversammlung über aufgetretene Interessenkonflikte informieren. Die Offenlegung eines Interessenkonflikts kann dann eine befriedigende Lösung darstellen, wenn der Geschäftsherr der Interessenwahrung in Kenntnis des Interessenkonflikts zustimmt bzw. ein bestimmtes, offengelegtes Verhalten sogar genehmigt.[196]

Eine Offenlegung kann somit zwar grundsätzlich geeignet sein, Interessenkonflikte zu entschärfen; es ist jedoch zweifelhaft, ob ein betroffenes Organmitglied erstens überhaupt von einer Beeinträchtigung seiner eigenen Unbefangenheit ausgehen und dies dann zweitens auch offenlegen wird. Dies hinterlässt berechtigte Zweifel an der Effektivität von Offenlegungspflichten.[197]

(d) Stimmverbot bei Interessenkonflikten

In allen Fällen, in denen der Aufsichtsrat über die Bewertung geschäftlicher Entscheidungen beschließt, die in die Amtszeit des betroffenen Aufsichtsratsmitglieds als Vorstand zurückreichen, muss für das betroffene Aufsichtsratsmitglied ein Stimmverbot bestehen.[198] Zwar lässt sich nach h. M. kein allgemeines Stimmverbot bei Interessenkonflikten herleiten, sondern in Übereinstimmung mit den gesetzlich geregelten Fällen der §§ 34 BGB, 136 Abs. 1 AktG nur dann, wenn ein Rechtsgeschäft mit dem Organmitglied oder die Einleitung bzw. Erledigung eines Rechtsstreites mit ihm Bestandteil des Beschlusses ist.[199] Es ist jedoch anerkannt, dass das Stimmrecht auch in Konstellationen mit gleich liegenden Interessen ausgeschlossen sein kann.[200] In § 47 Abs. 4 GmbHG wird als spezieller Tatbestand des Stimmrechtsausschlusses die Entlastung genannt. Unter Entlastung ist jede Beschlussfassung zu verstehen, mit der die Tätigkeit eines Gesellschaftsorgans inhaltlich gebilligt wird.[201] Dieser

193 Hopt, ZGR 2004, 1, 25; Fleischer, Zur organschaftlichen Treuepflicht der Geschäftsleiter im Aktien- und GmbH-Recht, WM 2003, 1045, 1050; Semler/Stengel, Interessenkonflikte bei Aufsichtsratsmitgliedern von Aktiengesellschaften am Beispiel von Konflikten bei Übernahme, NZG 2003, 1, 3.

194 Kort, ZIP 2008, 717, 724.

195 remer, in: Ringleb/Kremer/Lutter/v. Werder, Deutscher Corporate Governance Kodex, Kommentar, 3. Aufl. 2008, Ziffer 5.5.2 Rn. 1131.

196 Hopt, ZGR 2004, 1, 31.

197 Knapp, Die Treuepflicht der Aufsichtsratsmitglieder von Aktiengesellschaften und Directors von Corporations, 2004, S. 330.

198 Lange, NZG 2004, 265, 269; Semler/Stengel, NZG 2003, 1, 3; Peltzer, in: FS Priester, 2007, S. 573, 587.

199 Möllers, in: Hommelhoff/Hopt/v. Werder (Hrsg.), Handbuch Corporate Governance, 2003, S. 416; Hüffer, Aktiengesetz, 8. Aufl. 2008, § 108 Rn. 9; Habersack, in: MünchKomm AktG, 3. Aufl. 2008, § 108 Rn. 29.

200 BGH, Urt. v. 10.02.1977 - II ZR 81/76, BGHZ 68, 107 = NJW 1977, 850.

201 Zöllner in: Baumbach/Hueck (Hrsg.), GmbH-Gesetz, 18. Aufl. 2006, § 47 Rn. 77.

Tatbestand lässt sich auf die Beschlussfassung über Sachverhalte aus der Zeit des Aufsichtsratsmitglieds als Vorstandsmitglied übertragen. Es besteht zudem ein allgemeiner Grundsatz, nach dem niemand Richter in eigener Sache sein kann.[202] Das den gesetzlichen Fällen gemeinsame Charakteristikum ist die typische Interessenkollision, nämlich zwischen persönlichen Interessen desjenigen, der abzustimmen hat und den Interessen der Gesellschaft. Die Ratio des Stimmrechtsausschlusses besteht in der generellen und ex ante eingreifenden Neutralisierung des Interessenkonflikts durch Disqualifikation des Befangenen von der Willensbildung.[203] Erfasst werden sollen Fälle einer Befangenheit in der Willensbildung, die daraus resultiert, dass das Bestehen von Privatinteressen die pflichtgemäße Beurteilung und Verfolgung des Gesellschaftsinteresses trübt.[204]

Soweit ein Aufsichtsratsmitglied bei Beschlüssen im Zusammenhang mit seiner vorigen Vorstandstätigkeit nicht stimmberechtigt ist, sich aber dennoch an der Abstimmung beteiligt, ist die Stimmabgabe nichtig und die Teilnahme an der Beschlussfassung wird für die Frage der Beschlussfähigkeit des Organs nicht gewertet.[205] Dies beeinträchtigt den Beschluss des Gesamtorgans jedoch nur, wenn dadurch entweder die Beschlussfähigkeit des Organs entfällt[206] oder der Beschluss nur mithilfe der Stimme des Ausgeschlossenen zustande gekommen ist.[207]

(e) Mandatsniederlegung bei andauerndem Interessenkonflikt

Bei dauerhaften und schwerwiegenden Interessenkonflikten muss ein ehemaliger Vorstand sein Aufsichtsratsmandat niederlegen. Dies wird bereits für Aufsichtsratsmandate in konkurrierenden Unternehmen angenommen, weil das betroffene Organmitglied aufgrund dauernder Interessenkonflikte kaum in der Lage sein wird, sein Amt ordnungsgemäß auszuführen.[208] Interessenkonflikte, die die wesentlichen

202 Lutter/Krieger, Rechte und Pflichten des Aufsichtsrats, 5. Aufl. 2008, § 12 Rn. 899; Hopt/Roth, in: Hopt/Wiedemann (Hrsg.), AktG, Großkommentar, Stand: Oktober 2005, § 108 Rn. 55; Vetter in: Marsch-Barner/Schäfer (Hrsg.), Handbuch börsennotierte AG, § 27 Rn. 62; Matthießen, Stimmrecht und Interessenkollision, 1989, S. 268; Müller, Aufsichtsratsmandat und anwaltliche Tätigkeit, NZG 2002, 797, 801; Lange, NZG 2004, 265, 269.

203 Roth, in: Roth/Altmeppen, GmbHG, Kommentar, 5. Aufl. 2005, § 47 Rn. 55.

204 Roth, in: Roth/Altmeppen, GmbHG, Kommentar, 5. Aufl. 2005, § 47 Rn. 56; Zöllner in: Baumbach/Hueck (Hrsg.), GmbH-Gesetz, 18. Aufl. 2006, § 47 Rn. 76.

205 BayObLG, Beschl. v. 28.03.2003 - 3 Z BR 199/02, ZIP 2003, 1194, 1196; OLG Frankfurt/Main, Urt. v. 21.09.2005 - 1 U 14/05, ZIP 2005, 2322, 2324; Semler, in: MünchKomm AktG, 3. Aufl. 2008, § 108 Rn. 223; Hopt/Roth, in: Hopt/Wiedemann (Hrsg.), AktG, Großkommentar, Stand: Oktober 2005, § 108 Rn. 144; Lutter, in: FS Priester, 2007, S. 417, 424.

206 So die Fälle BayObLG, ZIP 2003, 1194; OLG Frankfurt/Main, ZIP 2005, 2322.

207 Hopt/Roth, in: Hopt/Wiedemann (Hrsg.), AktG, Großkommentar, Stand: Oktober 2005, § 108 Rn. 143; Semler, in: MünchKomm AktG, 3. Aufl. 2008, § 108 Rn. 224; Lutter, in: FS Priester, 2007, S. 417, 424.

208 Dreher, Interessenkonflikte bei Aufsichtsratsmitgliedern von Aktiengesellschaften, JZ 1990, 896, 902; Lutter, in: FS Beusch, 1993, S. 509, 522; Hüffer, Aktiengesetz, 8. Aufl. 2008, § 103 Rn. 17; Semler/v. Schenck, Arbeitshandbuch für Aufsichtsratsmitglieder, 2. Aufl. 2004, § 12 Rn. 146.

Kernbereiche der Amtstätigkeit betreffen, lassen sich kaum anderweitig lösen.[209] Es ist zwar sicherlich nicht bei jedem ehemaligen Vorstand im Aufsichtsrat ein dauerhafter Interessenkonflikt anzunehmen; entscheidend ist die Abwägung im Einzelfall, ob das Aufsichtsratsmitglied in der Lage ist, sein Amt dauerhaft unbefangen auszuüben. Eine Beendigung des Mandats kann also nur ultima ratio sein.[210] Legt das Aufsichtsratsmitglied jedoch trotz spezieller Inkompatibilität sein Mandat nicht nieder, ist der Tatbestand der Treuepflichtverletzung erfüllt. In diesem Fall kann das Organmitglied nach § 103 Abs. 3 AktG außerordentlich abberufen werden.[211]

(f) Nicht-Annahme des Amtes

Ist bereits bei Amtsantritt absehbar, dass sich das zukünftige Aufsichtsratsmitglied aufgrund seiner früheren Vorstandstätigkeit in einem dauerhaften Interessenkonflikt befinden wird, so sollte es das Amt nicht annehmen.[212] Zwar wird man keinen rechtlichen Vorwurf daraus ableiten können, dass sich jemand für ein Amt bereit erklärt, das er nicht pflichtgemäß ausüben können wird, denn gesellschaftsrechtliche Treuepflichten erwachsen erst mit Annahme des Amtes und nicht schon im Vorfeld.[213] Allerdings wäre es auch unsinnig, sich in den Aufsichtsrat wählen zu lassen, wenn absehbar ist, dass man als ehemaliges Vorstandsmitglied aufgrund von Interessenkonflikten sein Amt auf Dauer nicht wahrnehmen kann und deshalb gehalten wäre, es sogleich niederzulegen.[214] Somit soll ein ehemaliger Vorstand, wenn sich abzeichnet, dass er die mit dem Aufsichtsratsamt verbundenen Funktionen zu wesentlichen Teilen nicht unbefangen und damit nicht pflichtgemäß wahrnehmen kann, die Bestellung ablehnen, um nicht für Schäden haftbar gemacht zu werden, die sich aus seiner mangelnden Unbefangenheit ergeben.[215]

(5) Haftung von ehemaligen Vorständen

Aus der geschilderten Problematik ergibt sich die Gefahr für die Gesellschaft, dass die intendierte Kontrolle des Managements versagt und die Gesellschaft dadurch Schaden nimmt. Deshalb soll im Folgenden auf eine mögliche Haftung ehemaliger Vorstände näher eingegangen werden.

209 Semler/v. Schenck, Arbeitshandbuch für Aufsichtsratsmitglieder, 2. Aufl. 2004, § 12 Rn. 146; Semler/Stengel, NZG 2003, 1, 6; Hopt, ZGR 2004, 1, 34; Möllers, in: Hommelhoff/Hopt/v. Werder (Hrsg.), Handbuch Corporate Governance, 2003, S. 405, 424; Kort, ZIP 2008, 717, 722.

210 Lutter/Krieger, Rechte und Pflichten des Aufsichtsrats, 5. Aufl. 2008, § 12 Rn. 900.; Potthoff/Trescher, Das Aufsichtsratsmitglied, 6. Aufl. 2003, Rn. 937; Kort, ZIP 2008, 717, 724.

211 Möllers, ZIP 2006, 1615, 1620; Dreher, JZ 1990, 896, 903; Möllers, in: Hommelhoff/Hopt/v. Werder, Handbuch Corporate Governance, 2003, S. 405, 424; a. A. Lutter, in: FS Beusch, 1993, S. 509, 520 ff., wonach schon keine wirksame Wahl bzw. Annahme vorliegt, so dass die entsprechende Person nicht Mitglied des Organs geworden ist.

212 Lutter, in: FS Beusch, 1993, S. 509, 515; ders., ZHR 195 (1995), 287, 303; Semler/Stengel, NZG 2003, 1, 6; Kort, ZIP 2008, 717, 722.

213 Möllers, ZIP 2006, 1615, 1620.

214 OLG Schleswig, Urt. v. 26.04.2004 - 2 W 46/04, ZIP 2004, 1143; Möllers, ZIP 2006, 1615, 1620.

215 Lange, NZG 2004, 265, 270; Peltzer, in: FS Priester, 2007, S. 573, 587.

(a) Pflichtverletzung

Vernachlässigt ein Aufsichtsratsmitglied aus Eigeninteresse, aus Nachsicht auf seine Nachfolger oder auf Aufsichtsratskollegen seine Kontrollpflichten, kann es sich schadensersatzpflichtig machen.[216] Aufsichtsratsmitglieder haben ihr Amt mit der Sorgfalt eines ordentlichen und gewissenhaften Aufsichtsratsmitglieds zu erledigen. Dies ergibt sich aus dem Verweis in § 116 AktG auf die Sorgfaltspflicht und Verantwortlichkeit von Vorstandsmitgliedern aus § 93 AktG, der für Aufsichtsratsmitglieder sinngemäß gilt.[217] Verletzen sie diese Pflicht schuldhaft, sind sie zum Ersatz des daraus entstehenden Schadens verpflichtet (§§ 116 Satz 1, 93 Abs. 2 AktG).[218] Der Aufsichtsrat hat die Pflicht, die Vorstandsberichte sorgfältig zu überprüfen. Pflichtwidrig handelt der Aufsichtsrat, wenn er trotz Unregelmäßigkeiten in der Geschäftsführung keine Untersuchungen anstellt.[219]

Allerdings haften die einzelnen Mitglieder des Aufsichtsrats nicht automatisch aufgrund der Pflichtverletzung des Aufsichtsrats, sondern ihre Haftung setzt eine individuelle Pflichtverletzung voraus.[220] Aufsichtsratsmitglieder müssen sich an der Diskussion im Plenum beteiligen und beurteilungsrelevante Informationen an den Aufsichtsrat weitergeben.[221] Ein Aufsichtsratsmitglied handelt deshalb pflichtwidrig, wenn es etwa Kenntnisse über das unrechtmäßige Handeln des Vorstands nicht an den gesamten Aufsichtsrat weitergibt.[222] Soweit sie über bislang verborgenes Fehlverhalten aus der eigenen Zeit im Vorstand auch weiterhin Stillschweigen bewahren und überwachungsrelevante Informationen nicht unmittelbar an das Aufsichtsratsplenum weitergeben, machen sich ehemalige Vorstände erst recht schadensersatzpflichtig (§§ 116, 93 AktG).[223]

Für Rechtsanwälte und Steuerberater hat der BGH eine ex post-Offenlegung von Interessenkonflikten verlangt, um es dem Geschäftsherrn zu ermöglichen, wirksam gegen den Auftragnehmer vorzugehen. Wird die Offenlegungspflicht verletzt, so führt dies zu einer Sekundärhaftung, für die eine eigene Verjährung gilt.[224] Daraus leitet *Hopt* zu Recht eine Pflicht für Vorstandsmitglieder her, vorausgegangene Ver-

216 Vgl. BGH, Urt. v. 04.07.1977 - II ZR 150/75, BGHZ 69, 207, 214 = NJW 1977, 2311.

217 Wirth, ZGR 2005, 327, 332; Hüffer, Aktiengesetz, 8. Aufl. 2008, § 93 Rn. 3; Lutter/Krieger, Rechte und Pflichten des Aufsichtsrats, 5. Aufl. 2008, § 13 Rn. 1005.

218 Lutter/Krieger, Rechte und Pflichten des Aufsichtsrats, 5. Aufl. 2008, § 13 Rn. 982.

219 Lutter/Krieger, Rechte und Pflichten des Aufsichtsrats, 5. Aufl. 2008, § 13 Rn. 987.

220 Lutter/Krieger, Rechte und Pflichten des Aufsichtsrats, 5. Aufl. 2008, § 13 Rn. 993.

221 Lutter/Krieger, Rechte und Pflichten des Aufsichtsrats, 5. Aufl. 2008, § 13 Rn. 993.

222 LG Dortmund, Urt. v. 1.8.2001 – 20 O 143/93, nicht rechtskräftig, DB 2001, 2591; Lieder, NZG 2005, 569, 573.

223 LG Bielefeld, Urt. v. 16.11.1999 - 15 O 91/98, ZIP 2000, 20, 2; LG Dortmund, Urt. v. 1.8.2001 – 20 O 143/93, nicht rechtskräftig, DB 2001, 2591; Lange, NZG 2004, 265, 269; Lieder, NZG 2005, 569, 573; Hopt, ZGR 2004, 1, 27.

224 BGH, Urt. v. 23.05.1985 - IX ZR 102/84, BGHZ 94, 380 = NJW 1985, 2250; BGH, Urt. v. 9.12.1999 - IX ZR 129/99, NJW 2000, 1263, 1267; BGH, Urt. v. 29.11.2001 - IX ZR 278/00, NJW 2002, 1117.

fehlungen offenzulegen, um dem Aufsichtsrat bzw. den Aktionären zu ermöglichen, die Schadensersatzansprüche der Gesellschaft geltend machen zu können.[225]

Zudem ergibt sich ein erhöhtes Haftungsrisiko aus dem Umstand, dass ein ehemaliger Vorstand im Streitfall nicht darlegen kann, bei einer Entscheidungsfindung Eigeninteressen vollständig ausgeblendet zu haben. Da die Vermutung der Verfolgung von Eigeninteressen kaum widerlegbar ist, kann sie geeignet sein, eine Entscheidung, die sonst nur als Missmanagement betrachtet worden wäre, stattdessen als pflichtwidrig erscheinen zu lassen. Somit birgt jede Entscheidung eines aus dem Vorstand kommenden Aufsichtsratsmitglieds, die in irgendeinem Bezug zu der ehemaligen Vorstandstätigkeit steht, die Gefahr, allein wegen dieses Bezugs als pflichtwidrig zu erscheinen und Darlegung sowie Beweis des Gegenteils zu erschweren.[226]

Den Aufsichtsrat trifft zudem eine Pflicht, etwaige Ansprüche der Gesellschaft gegenüber Vorstandsmitgliedern zu verfolgen.[227] Eine Ausnahme besteht nur, wenn gewichtige Interessen der Gesellschaft dafür sprechen, einen entstandenen Schaden ersatzlos hinzunehmen, oder wenn im Einzelfall Zweifel an der Durchsetzbarkeit des Anspruchs bestehen. Der Aufsichtsrat handelt daher pflichtwidrig und kann selbst in die Haftung geraten, wenn er Schadensersatzansprüche gegen Vorstandsmitglieder nicht verfolgt.[228]

(b) Überwachungsmaßstab

Überwachungsmaßstab des Aufsichtsrats sind Rechtmäßigkeit, Ordnungsmäßigkeit und Zweckmäßigkeit der Geschäftsführung durch den Vorstand.[229] Der Aufsichtsrat hat im Rahmen der Ordnungsmäßigkeit darauf zu achten, dass sachgerechte kaufmännische Instrumente für die Unternehmensführung vorhanden sind.

Bei Zweckmäßigkeitsentscheidungen hat der Vorstand im Rahmen der *Business Judgment Rule* des § 93 Abs. 1 Satz 2 AktG ein weites unternehmerisches Ermessen, denn es sollen keine Haftungsklagen bei unternehmerischem Pech und geringen Lässlichkeiten ermöglicht werden, sondern nur bei tatsächlichen Treuepflichtverletzungen.[230] Für Zweckmäßigkeitsentscheidungen des Aufsichtsrats, etwa bei der Erteilung oder Verweigerung der Zustimmung zu einem zustimmungsbedürftigen

225 Hopt, ZGR 2004, 1, 27.

226 Lange, NZG 2004, 265, 270.

227 Die Rechtsdurchsetzung wird in Teil D. der Arbeit genauer untersucht.

228 BGH, Urt. v. 21.04.1997 - II ZR 175/95, BGHZ 135, 244, 255 f. = NJW 1997, 1926.

229 BGH, Urt. v. 12.07.1979 - III ZR 154/77, BGHZ 75, 120, 133 = NJW 1979, 1879; BGH, Urt. v. 25.03.1991 - II ZR 188/89, BGHZ 114, 127, 129 = NJW 1991, 1830; OLG Düsseldorf, Urt. v. 22.6.1995 – 6 U 104/94, BB 1996, 230, 232; Doralt, in: Semler/v. Schenck (Hrsg.), Arbeitshandbuch für Aufsichtsratsmitglieder, 2. Aufl. 2004, § 13 Rn. 7.

230 S. a. BGH, Urt. v. 09.07.1979 - II ZR 118/77, BGHZ 75, 96, 107 ff. = NJW 1979, 1823; Seibert, in: FS Priester, 2007, S. 763, 765; für eine strengere Haftung von Vorständen und Aufsichtsräten Säcker, Rechtliche Anforderungen an die Qualifikation und Unabhängigkeit von Aufsichtsratsmitgliedern, AG 2004, 180, 181.

Geschäft, steht dem Aufsichtsrat der gleiche weite Ermessensspielraum zu wie dem Vorstand. Damit hat der Aufsichtsrat auch nur die Sorgfalt der Entscheidungsfindung des Vorstands zu prüfen und braucht nicht sein eigenes Zweckmäßigkeitsurteil an die Stelle des Vorstands zu setzen, solange dessen Handeln kaufmännisch vertretbar erscheint.[231] Soweit die Mitglieder des Aufsichtsrats bei einer solchen Entscheidung vernünftigerweise annehmen durften, auf der Grundlage angemessener Informationen zum Wohle der Gesellschaft zu handeln, entfällt die Haftung.[232]

(c) Verschulden

Handelt ein Aufsichtsratsmitglied nicht mit der gebotenen Sorgfalt (§§ 116, 93 AktG), so handelt es nicht nur pflichtwidrig, sondern zugleich schuldhaft. Dabei wird das Verschulden vom Gesetz vermutet; das betroffene Aufsichtsratsmitglied muss das fehlende Verschulden seinerseits dartun und beweisen.[233] Die Schadensersatzpflicht tritt nicht ein oder entfällt, wenn das zuständige Organ der Gesellschaft in den Interessenkonflikt einwilligt.[234] Aufsichtsratsmitglieder haften allerdings nur dann, wenn bei der Gesellschaft ein Schaden eintritt, der zumindest möglicherweise auf einem pflichtwidrigen Verhalten beruht.

Aufsichtsratsmitglieder, die innerhalb des Aufsichtsrats besondere Funktionen übernehmen, also insbesondere der Aufsichtsratsvorsitzende, unterliegen aufgrund ihrer besonderen Rechte einem strengeren Maßstab.[235]

Zweifelhaft ist, ob individuelle Fähigkeiten einzelner Aufsichtsratsmitglieder einen gesteigerten Sorgfaltsmaßstab und damit auch einen verschärften Haftungsmaßstab für die betreffenden Personen begründen können. So wurde in einem vom LG Hamburg entschiedenen Fall einem Aufsichtsratsmitglied vorgehalten, dass es persönlich haftender Gesellschafter einer bekannten Privatbank und damit ein versierter Finanzfachmann sei, was zu einer verschärften Haftung führe.[236] Im Falle der Balsam AG hingegen wurde die besondere persönliche Sachkunde des Aufsichtsratsvorsitzenden in Fragen der Kontrolle von Beteiligungsunternehmen vom LG Bielefeld nicht für eine verschärfte Haftung herangezogen.[237] Im Schrifttum wird überwiegend angenommen, dass besondere individuelle Fähigkeiten einen gestei-

231 Lutter/Krieger, Rechte und Pflichten des Aufsichtsrats, 5. Aufl. 2008, § 13 Rn. 986.
232 Lutter/Krieger, Rechte und Pflichten des Aufsichtsrats, 5. Aufl. 2008, § 13 Rn. 986.
233 Lutter/Krieger, Rechte und Pflichten des Aufsichtsrats, 5. Aufl. 2008, § 13 Rn. 982.
234 Analog § 93 Abs. 4 AktG; Hopt, ZGR 2004, 1, 46.
235 Hopt/Roth, in: Hopt/Wiedemann (Hrsg.), AktG, Großkommentar, Stand: Oktober 2005, § 116 Rn. 64.
236 LG Hamburg, Urt. v. 16.12.1980 - 8 O 229/79, ZIP 1981, 194, 197; vgl. Wirth, ZGR 2005, 327, 334.
237 LG Bielefeld, Urt. v. 16.11.1999 - 15 O 91/98, ZIP 2000, 20, 22 ff.; vgl. Wirth, ZGR 2005, 327, 334 f.

gerten Sorgfaltsmaßstab begründen können.[238] Dahinter steht die Ausgestaltung des Aufsichtsrats als Nebenberuf, die zu einem Aufsichtsrat mit Mitgliedern unterschiedlicher Berufsausbildungen und Spezialkenntnisse führt.[239] Dieser Ansicht ist zuzustimmen. Einzelne Aufsichtsratsmitglieder werden oft gerade wegen ihrer besonderen Kenntnisse in den Aufsichtsrat gewählt. Auch der Wechsel vom Vorstand in den Aufsichtsrat wird gemeinhin mit diesem Argument begründet. Wenn Mitglieder aber aufgrund ihrer besonderen Kenntnisse gewählt werden, müssen sie auch dafür einstehen, dass sie diese besonderen Kenntnisse bei ihrer Amtsführung einsetzen.[240]

bb) Herdenverhalten

(1) Mögliches Handeln von übrigen Aufsichtsratsmitgliedern

Verfügt der Aufsichtsratsvorsitzende aufgrund seiner vorherigen Vorstandstätigkeit über eine großen Wissensvorsprung gegenüber den normalen Aufsichtsratsmitgliedern, so ist zu befürchten, dass die kritische Überwachung der Unternehmensstrategie dadurch gefährdet wird, dass sich das gesamte Kontrollorgan auf den besser unterrichteten Vorsitzenden verlässt.[241] Ein ehemaliger Vorstand kann, selbst wenn er nicht gleich den Vorsitz im Aufsichtsrat übernimmt, dennoch aufgrund seiner starken Persönlichkeit und seines Netzwerks im Unternehmen unangemessen großen Einfluss auf die Entscheidungsfindung im Aufsichtsrat nehmen. Diese Gefahr besteht zwar auch bei Mitgliedern, die nicht zuvor ein Vorstandsmandat ausgeübt hatten, aber dennoch aufgrund ihrer starken Persönlichkeit oder ihrer Kontakte im Unternehmen einen starken Einfluss auf die anderen Aufsichtsratsmitglieder nehmen können. Insofern muss man von einem natürlichen Prozess der Einflussnahme von Führungspersönlichkeiten auf die Entscheidungsfindung in einer Gruppe ausgehen. Dennoch ist insbesondere bei ehemaligen Vorstandsmitgliedern, gerade wenn sie die Funktion des Aufsichtsratsvorsitzenden übernehmen, zu befürchten, dass die anderen Mitglieder bewusst oder unbewusst dessen Führung zu stark vertrauen. Letztendlich ist ja gerade die besondere Sachkenntnis von ehemaligen Vorstandsmitgliedern einer der angeführten Gründe, warum diese direkt im Anschluss an ihre Amtszeit in den Aufsichtsrat wechseln.[242]

238 Lange, NZG 2004, 265, 269; .Lutter, Bankenvertreter im Aufsichtsrat, ZHR 145 (1981), 224, 228; Dreher, in: FS Boujong, 1996, S 71, 78 ff.; Altmeppen, Der Prüfungsausschuss – Arbeitsteilung im Aufsichtsrat, ZGR 2004, 390, 411 f.; Säcker, AG 2004, 180, 184; Wirth, ZGR 2005, 327, 335; Körper/Hähnel, in: Pfitzer/Oser/Orth (Hrsg.), Deutscher Corporate Governance Kodex, 2. Aufl. 2005, S. 369; LG Hamburg, ZIP 1981, 194, 197; Doralt, in: Semler/v. Schenck (Hrsg.), Arbeitshandbuch für Aufsichtsratsmitglieder, 2. Aufl. 2004, § 13 Rn. 17, 58; Lutter/Krieger, Rechte und Pflichten des Aufsichtsrats, 5. Aufl. 2008, § 13 Rn. 1008; a.A. Hüffer, Aktiengesetz, 8. Aufl. 2008, § 116 Rn. 3.

239 Wirth, ZGR 2005, 327, 335.

240 Lutter/Krieger, Rechte und Pflichten des Aufsichtsrats, 5. Aufl. 2008, § 13 Rn. 1008.

241 Bender/Vater, DStR 2003, 1807, 1808; Higgs, Review of the role and effectiveness of non-executive directors, 2003, S. 24.

242 Vgl. die genannten Gründe für einen Wechsel unter C. II 5. a).

(2) Rechtliche Implikationen

Alle Aufsichtsratsmitglieder haben die gleichen Rechte und Pflichten. Diese in § 4 Abs. 3 Satz 1 MontanMitbestG noch ausdrücklich verankerte Norm gibt ein allgemeines, für alle Aufsichtsratsmitglieder gültiges Prinzip wieder.[243] Somit gibt es rechtlich keine Unterscheidung, ob ein Aufsichtsratsmitglied zuvor in der Unternehmensleitung aktiv war oder ob es anderweitig bestellt wurde. Jedes Aufsichtsratsmitglied ist dafür verantwortlich, dass der Aufsichtsrat als Organ seine Aufgaben ordnungsgemäß erfüllt (Prinzip der Gesamtverantwortung).[244] Dieser Grundsatz geht davon aus, dass Erfolg oder Misserfolg der Arbeit des Aufsichtsrats vom Verhalten der einzelnen Mitglieder und ihrem Zusammenwirken abhängt.[245] Die übrigen Aufsichtsratsmitglieder müssen die Aussagen des früheren Vorstandsmitglieds fortlaufend daraufhin prüfen, ob sie durch dessen frühere Vorstandszugehörigkeit beeinflusst sind.[246]

Hat der Aufsichtsrat seine Aufgaben nicht pflichtgemäß erfüllt, so stellt sich die Frage nach der Einzelverantwortung der Mitglieder. Jedes Aufsichtsratsmitglied hat die Pflicht, das ihm Mögliche und Zumutbare zu tun (oder zu unterlassen) um den Organaufgaben gerecht zu werden. Ist streitig, ob ein Mitglied seine Sorgfaltspflicht verletzt hat, so trägt es selbst die Beweislast, um sich im Schadensersatzprozess zu exkulpieren.[247] Im Ergebnis ergibt sich also hier ein erhöhtes Haftungsrisiko für die übrigen Aufsichtsratsmitglieder, wenn sie aus blindem Vertrauen auf den Ex-Vorstand ihre eigenen Überwachungspflichten vernachlässigen.

cc) Einfluss auf die eigene Altersversorgung

(1) Mögliches Handeln von ehemaligen Vorständen

Die Anstellungsverträge von Vorstandsmitgliedern enthalten in aller Regel eine Altersversorgungsregelung, nach der der Pensionsanspruch im selben Verhältnis wie die Vorstandsgehälter der Amtsnachfolger steigt. Da der Aufsichtsrat gem. § 84 Abs. 1 AktG über die Vergütung des Vorstands zu entscheiden hat, kann ein Ex-Vorstand im Aufsichtsrat nun über die überdurchschnittliche Erhöhung der aktuellen Vorstandsgehälter Einfluss auf die Höhe seiner eigenen Altersversorgung nehmen.[248] Die Anpassung der Bezüge erfolgt meist dadurch, dass der Aufsichtsrat im Rahmen des Anstellungsvertrags verpflichtet wird, in regelmäßigen Abständen

243 Potthoff/Trescher, Das Aufsichtsratsmitglied, 6. Aufl. 2003, Rn. 793.
244 Potthoff/Trescher, Das Aufsichtsratsmitglied, 6. Aufl. 2003, Rn. 796.
245 BGH, Urt. v. 17.05.1993 - II ZR 89/92, BGHZ 122, 342, 350 = NJW 1993, 2307.
246 Lieder, NZG 2005, 573.
247 Potthoff/Trescher, Das Aufsichtsratsmitglied, 6. Aufl. 2003, Rn. 798.
248 Lange, NZG 2004, 265, 267; Götz, Rechte und Pflichten des Aufsichtsrats nach dem Transparenz- und Publizitätsgesetz, NZG 2002, 599, 604; Peltzer, NZG 2002, 593, 597; s. a. v. Werder/Wieczorek, DB 2007, 297, 300, die insoweit von kasuistischen Integritätskonflikten sprechen.

die Höhe der Bezüge zu überprüfen, wobei sich daraus kein Rechtsanspruch auf Gehaltserhöhung, sondern lediglich eine Überprüfungspflicht herleitet.[249]

Für die Festlegung der Vorstandsbezüge gilt zwar der Grundsatz der Vertragsfreiheit; nach dem Angemessenheitsgebot von § 87 Abs. 1 AktG sollen die Bezüge des Vorstands aber in einem angemessenen Verhältnis zu den Aufgaben des Vorstandsmitglieds und zur Lage der Gesellschaft stehen.[250] Die Angemessenheit der Bezüge hängt im Einzelfall vom fachlichen Fähigkeitsprofil des Vorstands, seinem Aufgabenbereich und der damit verbundenen Verantwortung und nicht zuletzt von der Zahl und dem Angebot an Spitzenführungskräften ab.[251] Für eine moderate Gehaltserhöhung besteht allerdings wenig Anreiz, wenn die eigenen Bezüge an die Bezüge des aktuellen Vorstands gekoppelt sind. Ziffer 5.2 Satz 2 DCGK sieht zudem vor, dass der Aufsichtsratsvorsitzende zugleich Vorsitzender des Vergütungsausschusses sein soll, was die Problematik der indirekten Beeinflussung eigener Bezüge beim Wechsel vom Vorstand an die Spitze des Aufsichtsrats noch verstärkt.

Hinzu kommt, dass, wenn der Aufsichtsrat eine Verbesserung seiner eigenen Entlohnung anstrebt, er auf die Initiative oder zumindest die Billigung des Vorstands angewiesen ist. Die Vergütung des Aufsichtsrats kann nur durch Satzung oder einen Beschluss der Hauptversammlung festgelegt werden. Der Beschluss muss von der Verwaltung erarbeitet werden und nach § 124 Abs. 3 AktG der Hauptversammlung von Vorstand und Aufsichtsrat zur Annahme empfohlen werden. Der Vorstand wirkt also ganz offiziell an der Anhebung der Vergütung seiner Kontrolleure mit.[252] Somit entsteht ein direkter Zusammenhang zwischen den Bezügen des Vorstands und der Vergütung des Aufsichtsrats, und wenn auch kein bewusstes Zusammenwirken vorliegen mag, so wird doch die Erhöhung der einen Bezüge zumindest eine gewisse Vorbild- und Sogwirkung auf die Bezüge des anderen Gremiums entfalten.[253] Grundsätzlich dürfen Organmitglieder, wenn sie ihrer Gesellschaft im Rahmen von Vertragsverhandlungen gegenübertreten, zwar hohe Vergütungen verhandeln und so ihren eigenen Marktwert ausreizen. Grenzen sind aber dort zu ziehen, wo sich Organmitglieder gegenseitig immer höhere Vergütungen zum Nachteil der Gesellschaft zuschanzen.[254]

---

249 Kort, in: Hopt/Wiedemann (Hrsg.), AktG, Großkommentar, Stand: Oktober 2006, § 84 Rn. 350; Spindler, in: MünchKomm AktG, 3. Aufl. 2008, § 84 Rn. 78.

250 Kort, in: Hopt/Wiedemann (Hrsg.), AktG, Großkommentar, Stand: Oktober 2006, § 84 Rn. 350; s. a. Ziffer 4.2.3 Satz 4 DCGK, wonach die Bezüge in angemessener Höhe auf der Grundlage einer Leistungsbeurteilung zu gewähren sind.

251 Potthoff/Trescher, Das Aufsichtsratsmitglied, 6. Aufl. 2003, Rn. 1704.

252 Peltzer, in: FS Priester, 2007, S. 573, 574.

253 Roth/Wörle, ZGR 2004, 565, 615 f. Hinzuzufügen ist jedoch, dass die Bezüge der Aufsichtsräte in den letzten Jahren weit weniger stark gestiegen sind als die Bezüge der Vorstände, s. Manager Magazin 4/2008, S. 32; Peltzer, Corporate Governance Codices als zusätzliche Pflichtenbestimmung für den Aufsichtsrat, NZG 2002, 10, 16.

254 Hopt, ZGR 2004, 1, 40.

(2) Rechtliche Implikationen

(a) Verstoß gegen § 87 AktG

Für die Höhe der Vorstandsbezüge gilt grundsätzlich § 87 AktG. Ein Verstoß gegen § 87 AktG führt aber nicht zur Nichtigkeit der Vergütungsregelung für den Vorstand und hat auch nicht die Teilnichtigkeit der anstellungsvertraglichen Vergütungsregelung zur Folge.[255] Vielmehr hat das Vorstandsmitglied einen Anspruch auf die überhöhten Bezüge, die Aufsichtsratsmitglieder können sich jedoch nach §§ 116, 93 AktG haftpflichtig machen, wenn sie einen Anstellungsvertrag unter Verletzung von § 87 AktG abschließen.[256] Allerdings hat die Schadensersatzpflicht im Bereich der Vorstandsvergütung bislang keine praktische Bedeutung erlangt.[257] Zudem fehlt eine umfassende Rechtsprechung dazu, was im Sinne von § 87 AktG als angemessen anzusehen ist.[258] Insofern ist klar, dass ein Aufsichtsratsmitglied, dessen Altersversorgung an die Entwicklung der aktuellen Vorstandsbezüge gekoppelt ist, keinen Anreiz haben wird, besonders bescheiden bei der Festsetzung der Vorstandsbezüge vorzugehen.

(b) Stimmverbot

Bei Rechtsgeschäften, die die Gesellschaft mit einem Organmitglied abschließt, ist es offensichtlich, dass die jeweiligen Interessen kollidieren können. Vom Gesetzgeber wurde deshalb für einzelne Fälle, wie die Festlegung der Vorstandsbezüge (§ 87 AktG) oder die Kreditgewährung an Vorstände (§ 89 AktG), gesetzlich bestimmt, dass der Aufsichtsrat die Gesellschaft vertritt, um sicherzustellen, dass nicht der Vorstand als Vertreter der Gesellschaft auf beiden Seiten des Vertrags steht und für ihn besonders günstige Insichgeschäfte abschließt.[259] Aus diesem Rechtsgedanken muss auch folgen, dass nicht ein ehemaliger Vorstand, dessen eigene Bezüge an die Gehaltsentwicklungen seiner Nachfolger im Vorstand geknüpft sind, über seinen Einfluss im Aufsichtsrat indirekten Einfluss auf für ihn günstige Geschäfte nehmen kann. Besteht eine solche Verweisungsklausel bei Ex-Vorständen, so ist für sie bei Beschlüssen über Vorstandsbezüge im Aufsichtsrat ein Stimmverbot zu fordern. Allerdings ist mehr als zweifelhaft, ob diese Forderung in der Realität auch umgesetzt wird. Eine gesetzliche Klarstellung durch einen Zusatz in § 84 AktG, dass Aufsichtsratsmitglieder, deren eigene Bezüge an die Vorstandsbezüge gekoppelt sind, bei der Festlegung der Vorstandsbezüge kein Stimmrecht haben, wäre hier sinnvoll.

---

255 Kort, in: Hopt/Wiedemann (Hrsg.), AktG, Großkommentar, Stand: Oktober 2006, § 84 Rn. 346, § 87 Rn. 69.

256 Kort, in: Hopt/Wiedemann (Hrsg.), AktG, Großkommentar, Stand: Oktober 2006, § 84 Rn. 346.

257 Kort, in: Hopt/Wiedemann (Hrsg.), AktG, Großkommentar, Stand: Oktober 2006, § 87 Rn. 70; Thüsing, Auf der Suche nach dem ius pretium der Vorstandstätigkeit, ZGR 2003, 457, 505.

258 Kort, in: Hopt/Wiedemann (Hrsg.), AktG, Großkommentar, Stand: Oktober 2006, § 87 Rn. 282; Thüsing, Die Angemessenheit von Vorstandsvergütungen – Mögliche Handlungsoptionen zur Sicherstellung, DB 2003, 1612.

259 Möllers, in: Hommelhoff/Hopt/v. Werder (Hrsg.), Handbuch Corporate Governance, 2003, S. 418.

(c) Offenlegung des Interessenkonflikts

Nach Ziffer 5.5.2 DCGK ist jeder kurzfristige einzelfallbezogene, aber auch jeder dauerhaft wirkende Interessenkonflikt dem Aufsichtsrat offenzulegen, und zwar spätestens dann, wenn er Auswirkungen auf die Beratungen des Aufsichtsrats hat.[260] Auch aus der organschaftlichen Treuepflicht leitet sich eine gesellschaftsrechtliche Pflicht zur Offenlegung von Interessenkonflikten ab.[261] Damit wäre im Rahmen guter Corporate Governance von einem ehemaligen Vorstandsmitglied darauf aufmerksam zu machen, dass sich die Entwicklung seiner eigenen Altersbezüge an der Entwicklung der aktuellen Vorstandsbezüge orientiert.

(d) Mandatsniederlegung

Der auch in Ziffer 5.5.3 DCGK niedergelegte Grundsatz, nach dem ein wesentlicher und nicht vorübergehender Interessenkonflikt zur Beendigung des Mandats führen soll, dürfte hier nicht einschlägig sein, da die Entscheidung über die Vorstandsbezüge nur punktuell, etwa einmal im Jahr oder alle zwei Jahre, ansteht und auch über Stimmverbote bzw. Nicht-Teilnahme an der Sitzung gelöst werden kann.

dd) Behinderung der Geschäftsführung

Grundsätzlich soll der Aufsichtsrat den Vorstand hinsichtlich der Geschäftsführung beraten.[262] Diese Beratung soll sich nicht auf in der Vergangenheit liegende Sachverhalte beschränken, sondern als in die Zukunft gerichtete Kontrolle die Geschäftspolitik für die sich abzeichnende Entwicklung des Unternehmens miteinbeziehen.[263] Zweck der Beratung ist es, die Geschäftsführung auf die Gefahr von Fehlentwicklungen für das Unternehmen hinzuweisen und so gravierende Fehlentscheidungen zu vermeiden. Der Aufsichtsrat kann in diesem Zusammenhang auch auf Gestaltungsalternativen hinweisen.[264] Allerdings darf der Aufsichtsrat nicht seine eigenen Vorstellungen an die Stelle der Vorstellungen des Vorstands setzen.[265] Im deutschen dualistischen System leitet nur der Vorstand die Geschäfte. Ihm steht ein Leitungsermessen zu, in das der Aufsichtsrat nicht eingreifen darf.

260 Kremer, in: Ringleb/Kremer/Lutter/v. Werder, Deutscher Corporate Governance Kodex, Kommentar, 3. Aufl. 2008, Ziffer 5.5.2 Rn. 1126; Kort, ZIP 2008, 717, 724.

261 Hopt/Roth, in: Hopt/Wiedemann (Hrsg.), AktG, Großkommentar, Stand: Oktober 2005, § 100 Rn. 164; Habersack, in: MünchKomm AktG, 3. Aufl. 2008, § 100 Rn. 69; Semler, in: Semler/v. Schenck(Hrsg.), Arbeitshandbuch für Aufsichtsratsmitglieder, 2. Aufl. 2004, § 1 Rn. 224; Strasser, Die Treuepflicht der Aufsichtsratsmitglieder der Aktiengesellschaft, 1998, S. 116; Vetter, in: Marsch-Barner/Schäfer (Hrsg.), Handbuch börsennotierte AG, § 29 Rn. 27.

262 BGH, Urt. v. 25.03.1991 - II ZR 188/89,BGHZ 114, 127, 129 ff. = NJW 1991, 1830; Hopt/Roth, in: Hopt/Wiedemann (Hrsg.), AktG, Großkommentar, Stand: Oktober 2005, § 111 Rn. 61.

263 BGH, Urt. v. 25.03.1991 - II ZR 188/89,BGHZ 114, 127, 129 ff. = NJW 1991, 1830; Potthoff/Trescher, Das Aufsichtsratsmitglied, 6. Aufl. 2003, Rn. 1258.

264 Potthoff/Trescher, Das Aufsichtsratsmitglied, 6. Aufl. 2003, Rn. 1260.

265 Möllers, Professionalisierung des Aufsichtsrats – Zu einer differenzierten Verantwortung der einzelnen Aufsichtsratsmitglieder, ZIP 1995, 1725, 1727; Baums, ZIP 1995, 11, 14.

Dennoch könnte ein von seiner Leistung überzeugter ehemaliger Vorstandsvorsitzender im Aufsichtsrat die strategische Neuausrichtung des Unternehmens durch seinen Nachfolger zu verhindern suchen.[266] Insbesondere kann es dem früheren Vorstandsmitglied an der nötigen Objektivität fehlen, um sich unbefangen mit den Argumenten des neuen Vorstands auseinanderzusetzen.[267] Wenn der Aufsichtsrat die neue strategische Ausrichtung auch nicht in jedem Fall gänzlich verhindern wird, so kann der Gesellschaft doch bereits ein erheblicher Schaden aus einer auf den Widerstand des ehemaligen Vorstandsmitglieds zurückzuführenden Verzögerung der Neuausrichtung des Unternehmens sowie aus der Verschwendung von Ressourcen im Machtkampf zwischen Vorstand und Aufsichtsrat entstehen.[268] Selbst wenn der Nachfolger im Amt des Vorstands an der alten Strategie festhält, kann man nicht davon ausgehen, dass der ehemalige Vorstand, der selbst an der Ausarbeitung der Strategie beteiligt war, diese genauso kritisch hinterfragen wird, wie es ein unbefangener Dritter tun würde.[269] Im Sinne einer Kontinuität in der Geschäftsführung kann es natürlich in vielen Fällen angezeigt sein, eine bereits eingeschlagene Strategie weiter fortzuführen. Für den Aufsichtsrat kommt es aber darauf an, kritisch zu überprüfen, ob dieser Weg tatsächlich weiter beschritten werden soll. Diese Prüfung kann unter Umständen durch den Bezug eines ehemaligen Vorstands zu der von ihm ausgearbeiteten Strategie weniger kritisch ausfallen.

ee) Verstärkte Machtposition beim Wechsel an die Aufsichtsratsspitze

Die angeführten Probleme gelten bereits für den Wechsel eines einfachen Vorstandsmitglieds in den Aufsichtsrat; sie potenzieren sich jedoch beim Wechsel des Vorstandsvorsitzenden an die Spitze des Aufsichtsrats durch den gesteigerten Einfluss,[270] den der Aufsichtsratsvorsitzende auf die Unternehmensgeschicke ausüben kann.

Sein maßgeblicher Einfluss auf die Personalentscheidungen von Aktionärsvertretern im Aufsichtsrat gibt dem Aufsichtsratsvorsitzenden eine faktische Vormachtstellung.[271] Nach § 124 Abs. 3 Satz 1 AktG hat der Aufsichtsrat der Hauptversammlung einen Vorschlag für die Wahl von Aufsichtsratsmitgliedern zu machen. Der Aufsichtsratsvorsitzende hat bei der Aufstellung des Wahlvorschlags eine maßgebliche Funktion. In Gesprächen mit anderen Aufsichtsratsmitgliedern muss er die Akzeptanz einer vorläufigen Kandidatenliste sichern.[272] Sein Einfluss auf die Zusammensetzung

266 Lieder, NZG 2005, 569, 573; Roth/Wörle, ZGR 2004, 565, 586; Bender/Vater, DStR 2003, 1807, 1808; Schiessl, AG 2002, 593, 598; Lange, NZG 2004, 265, 267; Berrar, NZG 2001, 1113, 1119.

267 Leyens, Information des Aufsichtsrats, 2006, S. 251.

268 Rode, BB 2006, 341, 342; Lange, NZG 2004, 265, 267.

269 Lange, NZG 2004, 265, 267.

270 Hopt/Roth, in: Hopt/Wiedemann (Hrsg.), AktG, Großkommentar, Stand: Oktober 2005, § 107 Rn. 62 ff.

271 Lieder, NZG 2005, 569, 573; Lange, NZG 2004, 265, 267 f.; Peltzer, NZG 2002, 10, 12; Berrar, NZG 2001, 1113, 1119.

272 Semler, in: Semler/v. Schenck (Hrsg.), Arbeitshandbuch für Aufsichtsratsmitglieder, 2. Aufl. 2004, § 4 Rn. 3.

der Ausschüsse versetzt ihn zudem in die Lage, wichtige Ausschüsse weitgehend mit Vertrauten zu besetzen.

Die dem Aufsichtsratsvorsitzenden obliegenden Verfahrensrechte, wie etwa die Befugnis, die Tagesordnung für eine Aufsichtsratssitzung festzulegen, verstärken diese Machtstellung.[273] Ist in der Satzung oder der Geschäftsordnung nichts Anderes vorgesehen und beschließt der Aufsichtsrat nichts Abweichendes, so bestimmt der Aufsichtsratsvorsitzende die Art der Abstimmung im Aufsichtsrat.[274] Allein durch die Möglichkeit, festzulegen, ob eine Entscheidung durch Handzeichen, Zuruf oder schriftliche Abstimmung getroffen werden soll, kann unter Umständen erheblicher Einfluss auf den Ausgang der Entscheidung genommen werden. In mitbestimmten Gesellschaften hat der Aufsichtsratsvorsitzende bei einer Pattsituation nach §§ 29 Abs. 2, 31 Abs. 4 und 5 MitbestG ein Zweitstimmrecht.[275] Die enge Zusammenarbeit mit dem Vorstandsvorsitzenden und der damit verbundene Informationsvorsprung ermöglicht es dem Aufsichtsratsvorsitzenden durch eine entsprechende Gestaltung der Verfahrensrechte den Informationsfluss zu steuern und somit Einfluss auf die Kontrollintensität zu nehmen.[276] Ihm vom Vorstand mündlich gegebene Informationen muss der Aufsichtsratsvorsitzende zwar an das Plenum weitergeben, sofern die Informationen für die Aufsichtsratstätigkeit wesentlich sind. Über Zeit und Form der Weitergabe entscheidet der Aufsichtsratsvorsitzende jedoch nach seinem Ermessen.[277]

Der Aufsichtsratsvorsitzende trägt zudem eine besondere Verantwortung für die Nachfolgeplanung. Nach Ziffer 5.1.2 DCGK soll der Aufsichtsrat gemeinsam mit dem Vorstand für eine langfristige Nachfolgeplanung sorgen. Dem Aufsichtsratsvorsitzenden kommt bei der konkreten personellen Ausfüllung der Nachfolgeplanung aber eine wichtige Initiativfunktion gegenüber dem Vorstand zu.[278]

Aufgrund der besonderen Position des Aufsichtsratsvorsitzenden sieht Ziffer 5.4.3 Satz 3 DCGK auch vor, einen Kandidatenvorschlag für den Vorsitz im Aufsichtsrat der Hauptversammlung gegenüber bekannt zu geben.[279] Sollte der ehemalige Vorstandsvorsitzende dieses Amt übernehmen wollen, wird zurecht gefordert, über

273 Hopt/Roth, in: Hopt/Wiedemann (Hrsg.), AktG, Großkommentar, Stand: Oktober 2005, § 107 Rn. 79; Semler, in: Semler/v. Schenck (Hrsg.), Arbeitshandbuch für Aufsichtsratsmitglieder, 2. Aufl. 2004, § 4 Rn. 8.

274 Potthoff/Trescher, Das Aufsichtsratsmitglied, 6. Aufl. 2003, Rn. 1039; Semler, in: Semler/v. Schenck (Hrsg.), Arbeitshandbuch für Aufsichtsratsmitglieder, 2. Aufl. 2004, § 4 Rn. 79.

275 Hopt/Roth, in: Hopt/Wiedemann (Hrsg.), AktG, Großkommentar, Stand: Oktober 2005, § 107 Rn. 72.

276 Lange, NZG 2004, 265, 268; Hopt/Roth, in: Hopt/Wiedemann (Hrsg.), AktG, Großkommentar, Stand: Oktober 2005, § 107 Rn. 67 ff. und 83.

277 Potthoff/Trescher, Das Aufsichtsratsmitglied, 6. Aufl. 2003, Rn. 1043.

278 Potthoff/Trescher, Das Aufsichtsratsmitglied, 6. Aufl. 2003, Rn. 1050.

279 Zur Frage, ob dies mit der aktienrechtlichen Kompetenzordnung kompatibel ist, s. Vetter, BB 2005, 1689, 1692 f.

eine mündliche Erklärung hinaus die Aktionäre frühzeitig schriftlich zu informieren.[280]

7. Zwischenfazit

Unternehmen bestellen ehemalige Vorstände oftmals aufgrund ihrer herausragenden Sachkenntnis und ihres Netzwerkes in den Aufsichtsrat. Diesen Vorteilen stehen erhebliche Nachteile gegenüber: So wird ein ehemaliger Vorstand Sachverhalte aus seiner eigenen Amtszeit weniger kritisch erörtern, als dies ein außenstehender Dritter tun würde. Evtl. bestehen Abhängigkeitsverhältnisse und/oder Seilschaften mit dem aktuellen Vorstand, sodass dieser die Kontrollintensität zulasten der Gesellschaft verringern kann. Freiwillige Maßnahmen zur Entschärfung dieser Interessenkonflikte wie die Stimmenthaltung, die Offenlegung des Interessenkonflikts oder die Nicht-Annahme des Amtes sind aufgrund ihrer Freiwilligkeit nicht geeignet, eine adäquate Lösung des Problems zu bewirken. Zu fordern ist ein Stimmverbot für alle Vorgänge, die die Amtszeit des ehemaligen Vorstands berühren. Dadurch wird allerdings nicht die mögliche Einflussnahme des Ex-Vorstands auf die Meinungsbildung im Aufsichtsrat beseitigt; zudem wirkt ein Stimmverbot nur, wenn ein Beschluss nicht ohne die Stimme des Betroffenen zustande kommt. Bei andauernden Interessenkonflikten muss das Mandat niedergelegt werden, was allerdings nur ultima ratio sein kann. Verletzt ein Aufsichtsratsmitglied seine Überwachungspflichten, so macht es sich nach §§ 116, 93 AktG schadensersatzpflichtig; allerdings kommt den Aufsichtsratsmitgliedern beim Überwachungsmaßstab ein breiter Ermessensspielraum zu. Für den Aufsichtsratsvorsitzenden sowie für Sonderwissen (z. B. aus ehemaliger Vorstandstätigkeit) besteht ein strengerer Verschuldensmaßstab.

Die Kontrolleffizienz kann des Weiteren darunter leiden, dass die übrigen Aufsichtsratsmitglieder sich zu stark auf das Urteil eines ehemaligen Vorstands verlassen. Für sie ergibt sich daraus ein erhöhtes Haftungsrisiko.

Über Verweisungsklauseln im Vorstandsvertrag ist die Entwicklung der Altersansprüche von Ex-Vorständen oft an die Entwicklung der Ansprüche der Amtsnachfolger gekoppelt. Ehemalige Vorstände können somit im Aufsichtsrat indirekt Einfluss auf die eigene Altersversorgung nehmen. Deshalb ist für den Beschluss über die Vergütung des Vorstands ein gesetzliches Stimmverbot sowie die Offenlegung des Interessenkonflikts bei betroffenen Ex-Vorständen zu fordern.

280 Vetter, BB 2005, 1689, 1693.

Unter Umständen wird ein ehemaliger Vorstand versuchen, über den Aufsichtsrat das Unternehmen weiterhin zu steuern. Damit kann eine strategisch wichtige Neuausrichtung des Unternehmens verhindert oder zumindest verzögert werden.

Die genannten Probleme potenzieren sich aufgrund der besonderen Stellung und der speziellen Verfahrensrechte des Aufsichtsratsvorsitzenden, wenn ein ehemaliger Vorstand beim Wechsel in den Aufsichtsrat dort gleich den Vorsitz übernimmt. Konsequenterweise versuchen auch sowohl die Kommissions-Empfehlung als auch der DCGK gerade den Wechsel an die Spitze des Aufsichtsrats zu verhindern. Wie gezeigt werden konnte, sind die potenziellen Interessenkonflikte aber auch schon bei einem einfachen Wechsel so gravierend, dass über Alternativen zu einem direkten Wechsel vom Vorstand in den Aufsichtsrat nachgedacht werden muss.

8. Mögliche Lösungsansätze

Wie gezeigt werden konnte, können durch den direkten Wechsel von Vorstandsmitgliedern in den Aufsichtsrat erhebliche Kontrolllücken entstehen. Es ist deshalb zu untersuchen, wie sich die Risiken eines Wechsels nach bereits geltendem Recht oder durch neue Lösungsansätze entschärfen lassen.

a) Regelungen in der Satzung oder Geschäftsordnung

De lege lata können in der Satzung persönliche Voraussetzungen für Aufsichtsratsmitglieder festgelegt werden (§ 100 Abs. 4 AktG). Grundsätzlich kann die Satzung dem Aufsichtsrat zwar nicht vorschreiben, dass etwa der Aufsichtsratsvorsitzende aus einer bestimmten Gruppe von Aufsichtsratsmitgliedern – etwa denjenigen, die zuvor keine Mitglieder des Vorstands der Gesellschaft waren – zu rekrutieren wäre. § 107 Abs. 1 AktG weist dem Aufsichtsrat selbst abschließend die Kompetenz zu, seinen Vorsitzenden aus der Mitte der Mitglieder zu bestimmen. Eine Satzungsbestimmung, die ehemaligen Vorstandsmitgliedern und aktuellen Aufsichtsratsmitgliedern die passive Wählbarkeit hinsichtlich des Aufsichtsratsvorsitzes nimmt, ist mithin nicht möglich. Gleiches gilt für die Besetzung des Vorsitzes eines Aufsichtsratsausschusses. Einer Festlegung, dass ein Wechsel nicht die Regel sein und eine Abweichung davon entsprechend begründet werden soll, steht § 107 AktG jedoch nicht entgegen. Eine solche ergänzende Satzungsbestimmung ist gem. § 23 Abs. 5 Satz 2 AktG zulässig.[281] Allerdings wird von dieser Lösungsmöglichkeit so gut wie nie Gebrauch gemacht.[282]

281 Hanfland, Haftungsrisiken im Zusammenhang mit § 161 AktG und dem Deutschen Corporate Governance Kodex, 2007, S. 151 f.

282 Schröder, Diskussionswiedergabe in: Feddersen/Hommelhoff/Schneider (Hrsg.), Corporate Governance, 1996, S. 152; Peltzer, in: Hommelhoff/Rowedder/Ulmer (Hrsg.), Max Hachenburg – Dritte Gedächtnisvorlesung 1998, 2000, S. 49, 86; Wirth, ZGR 2005, 327, 332.

Bestimmte Empfehlungen des Kodex könnten auch in den Anstellungsverträgen von Vorstandsmitgliedern oder in der in Ziffer 5.1.3 DCGK empfohlenen Geschäftsordnung für den Aufsichtsrat festgelegt werden. Somit würden die Pflichten von Vorstand und Aufsichtsrat nach §§ 93, 116 AktG direkt über den Anstellungsvertrag und die Geschäftsordnung um für die Gesellschaft relevante Kodex-Regelungen erweitert.[283] Sowohl für die Anstellungsverträge des Vorstands als auch für die Geschäftsordnung des Aufsichtsrats ist jedoch der Aufsichtsrat zuständig. Da kein gesetzlicher Zwang zur Aufnahme von Kodex-Empfehlungen in Anstellungsverträge oder Geschäftsordnung besteht und die Aktionäre hierauf auch keinen Einfluss nehmen, ist dieser Vorschlag nur bedingt geeignet, um das Problem zu entschärfen.

b) Erfolg im Vorstand als Indikator

Semler teilt zwar die Bedenken eines Ämtertauschs, erachtet aber den Wechsel des Vorstandsvorsitzenden an die Spitze des Aufsichtsrats dann als unproblematisch, „wenn sich der scheidende Vorstandsvorsitzende als hervorragender Unternehmer erwiesen hat und das Unternehmen in einem hervorragenden wirtschaftlichen Zustand" verlässt.[284] Bei einer erfolglosen Amtszeit oder bei der Notwendigkeit eines raschen Strategiewechsels hingegen soll ein Ämtertausch vermieden werden.[285] Mit dieser groben Einteilung ist indes nicht viel gewonnen, wenn sich erst nach einiger Zeit herausstellt, dass der ehemalige Vorstandsvorsitzende Missmanagement betrieben hat.[286] Zudem bleibt unklar, durch wen dieses Einschätzung nach welchen Kriterien vorzunehmen wäre und wie die Durchsetzung eines solchen Vorschlags aussehen soll.

c) Gesetzliches Verbot de lege ferenda

Den Wechsel durch Änderung von § 105 AktG generell zu verbieten,[287] könnte sich als unverhältnismäßig herausstellen. Trotz der Ausgestaltung des Aufsichtsratsamts als Nebenamt ist es grundsätzlich geeignet, als auf Dauer angelegte Tätigkeit der Schaffung und Erhaltung einer Lebensgrundlage zu dienen. Somit würde das Aufsichtsratsamt grundsätzlich dem Schutzbereich des Art. 12 Absatz 1 GG unterfallen. Ein Verbot wäre wohl durch einen besseren Kapitalanlegerschutz zu rechtfertigen,

283 Ettinger/Grützediek, Haftungsrisiken im Zusammenhang mit der Abgabe der Corporate Governance Entsprechenserklärung gemäß § 161 AktG, AG 2003, 353, 356.

284 Semler, in: Semler/v. Schenck, Arbeitshandbuch für Aufsichtsratsmitglieder, 2. Aufl. 2004, § 4 Rn. 20; so auch Pfitzer/Oser/Orth (Hrsg.), Deutscher Corporate Governance Kodex – Ein Handbuch für Entscheidungsträger, 2. Aufl. 2005, S. 187 f.

285 Semler, in: Semler/v. Schenck, Arbeitshandbuch für Aufsichtsratsmitglieder, 2. Aufl. 2004, § 4 Rn. 20.

286 Man denke nur an den aktuellen Fall des ehemaligen Vorstandsvorsitzenden von Siemens, Heinrich v. Pierer, der das Unternehmen in stabiler wirtschaftlicher Lage an seinen Nachfolger übergab und selbst Aufsichtsratsvorsitzender wurde. Zwei Jahre später wurde offenbar, dass in v. Pierers Amtszeit massenweise Schmiergelder für die Sicherung von Aufträgen geflossen waren. Zum Ganzen auch Rode, BB 2006, 341, 343.

287 Rode, BB 2006, 341, 343.

zumal dem Gesetzgeber hinsichtlich der Erforderlichkeit berufseinschränkender Maßnahmen ein erheblicher Einschätzungsspielraum zukommt.[288] Da ein Verbot nur die Übernahme eines Aufsichtsratsmandats in der eigenen Gesellschaft, nicht aber die Ausübung von Aufsichtsratsmandaten in anderen Gesellschaften unterbinden würde, wäre nicht unbedingt von einem unverhältnismäßigen Eingriff auszugehen. Dennoch kann der angestrebte Anlegerschutz bereits durch weniger intensive Maßnahmen – wie etwa eine strengere Haftung oder eine *Cooling-off*-Periode – erreicht werden.

Es gilt weiter zu bedenken, dass Ziffer 5.4.1 DCGK fordert, dass Aufsichtsratsmitglieder über die zur Wahrnehmung der Aufgaben erforderlichen Kenntnisse, Fähigkeiten und fachliche Erfahrung verfügen sollen. Eine hohe fachliche Qualifikation ist unabdingbare Voraussetzung dafür, dass Aufsichtsratsmitglieder ihre Überwachungsaufgaben kompetent wahrnehmen können.[289] Um diese Anforderungen zu erfüllen, muss ein Aufsichtsratsmitglied oftmals eben die von der Kommission verpönte Beziehung zum Geschäft der Gesellschaft gehabt haben. Ohne ein Mitglied im Aufsichtsrat, das aufgrund seiner beruflichen Qualifikation die erforderlichen Branchenkenntnisse und Erfahrungen hat und seinen Kollegen die Sicherheit vermitteln kann, dass der Vorstand auf dem richtigen Weg ist, ist eine wirksame Beratung und Kontrolle des Vorstands de facto nicht möglich.[290]

Man denke an die fachlichen Anforderungen um einen in fast 300 Ländern vertretenen Konzern wie Siemens, mit einer sechsstelligen Mitarbeiterzahl, einem vielköpfigen Vorstand und einer Produktpalette von der Glühbirne bis zu Großkraftwerken, kompetent zu überwachen. Oft sind die technischen und ökonomischen Prozesse heute so komplex geworden, dass nur allgemeines kaufmännisches Grundverständnis ohne nötigen Sachverstand für eine Aufsichtsratstätigkeit nicht mehr ausreicht. Vielmehr muss ein solcher Sachverstand über einen langen Zeitraum erworben werden, was häufig nicht ohne gewisse Beziehungen zur betroffenen Gesellschaft geschehen kann.[291] Kandidaten für Aufsichtsratsmandate mit einem derart anspruchsvollen Anforderungsprofil sind insoweit knapp.[292] Während das Aufsichtsratsamt in DAX-30-Unternehmen sehr begehrt ist, können kleine und mittlere AGs ihren Bedarf an qualifizierten Aufsichtsratsmitgliedern oft nicht unmittelbar decken.[293] Im konkreten Fall mag ein Unternehmen auf die Expertise von ehemaligen Vorstandsvorsitzenden so stark angewiesen sein, dass sie alle genannten eventuel-

288 BVerfG Beschl. v. 6.10.1987 – 1 BvR 1086, 1468, 1623/82, BVerfGE 77, 84, 106.

289 v. Werder, Überwachungseffizienz und Unternehmensmitbestimmung, AG 2004, 166, 169; Schwalbach, Effizienz des Aufsichtsrats, AG 2004, 186, 188.

290 Säcker, AG 2004, 180, 182.

291 Claussen, in: FS Priester, 2007, S. 41, 52.

292 Claussen/Bröcker, DB 2002, 1199, 1203.

293 Claussen, in: FS Priester, 2007, S. 41, 50 f.

len Gefahren eines Wechsels vom Vorstand in den Aufsichtsrat in den Schatten stellt. Den Wechsel generell gesetzlich zu unterbinden, verknappt insoweit diese wichtige Ressource und ist somit auch aus ökonomischen Gesichtspunkten abzulehnen.

Der Gesetzgeber hat sich jedenfalls weder im Rahmen des TransPuG noch im Rahmen des KonTraG dazu entschließen können, ein generelles Verbot ins Aktienrecht aufzunehmen. Sofern eine Inkompatibilität nicht durch richterliche Rechtsfortbildung erzwungen wird (was angesichts der fehlenden planwidrigen Regelungslücke kaum vertretbar wäre), ist momentan nicht davon auszugehen, dass ein generelles Verbot besteht oder geschaffen wird. Im Gegenteil hat sich der Gesetzgeber eben durch Überlassung an eine Kodex-Regelung dafür entschieden, den Wechsel grundsätzlich zuzulassen und den Unternehmen so den nötigen Spielraum bei der Beurteilung ihrer personellen Bedürfnisse im Aufsichtsrat gelassen.

d) Cooling-off-Periode de lege ferenda

Hintergrund der Forderung nach *Cooling-off*-Perioden ist die Annahme, dass der böse Schein einer bestimmten Eigenschaft bereits genügt, eine Person als unqualifiziert für ein bestimmtes Amt erscheinen zu lassen, ohne dass deren innere Einstellung näher untersucht würde. Allein die Gefahr der Befangenheit aufgrund der jeweiligen Eigenschaft genügt für eine mangelnde Unabhängigkeit.[294] Dieser Ansatz zielt auch darauf ab, Anlegern – insbesondere institutionellen Investoren – ihre Kaufentscheidung zu erleichtern, indem mögliche Interessenkonflikte von vornherein ausgeschlossen werden und nicht erst eine innere Prüfung auf Befangenheit von Organmitgliedern stattfinden muss.

Die Idee einer Abkühlungsphase zur Entschärfung von möglichen Interessenkonflikten durch zu große Sachnähe findet sich bereits im deutschen Recht. So verlangt § 319a Abs. 1 Satz 1 Nr. 4 HGB für den Abschlussprüfer eine interne Prüferrotation bei Zeichnung von sieben Bestätigungsvermerken, wobei ein *Cooling-off* erst nach drei Jahren eintreten kann. Eine *Cooling-off*-Periode von fünf Jahren für ehemalige Vorstände, wie sie im Anhang II der Kommissions-Empfehlung angedeutet wird, würde allerdings den primären Grund für die Bestellung des ehemaligen Vorstands – die im Amt erworbene besondere Sachkunde – teilweise entwerten.[295] Zudem ginge das Netzwerk des ehemaligen Vorstandsmitglieds in dieser Zeit verloren.[296] Möglicherweise könnten die potenziellen Aufsichtsratsvorsitzenden dann auch aus Altersgründen nicht mehr für eine volle Amtsperiode zur Verfügung stehen.[297] In der Literatur

294 Ebenso Peltzer, in: FS Priester, 2007, S. 573, 581, allerdings im Hinblick auf eine variable Vergütung von Aufsichtsratsmitgliedern.
295 Hüffer, ZIP 2006, 637, 643.
296 Rode, BB 2006, 341, 343.
297 Pfitzer/Oser/Orth (Hrsg.), Deutscher Corporate Governance Kodex – Ein Handbuch für Entscheidungsträger, 2. Aufl. 2005, S. 187.

wird deshalb vielfach vorgeschlagen, eine kürzere *Cooling-off*-Periode von zwei Jahren einzuführen.[298] Nach diesem Zeitraum wird gemeinhin angenommen, dass die Prüfungstätigkeit keinen Zeitraum mehr erfasst, zu dem das Aufsichtsratsmitglied noch zum Vorstand gehörte oder während seiner Amtszeit initiierte Maßnahmen zu beurteilen hätte.[299] Dadurch würde das Problem mangelhafter Kontrolle entschärft. Zudem wird sich nach einer zweijährigen Karenzzeit der Einfluss eines ehemaligen Vorstands soweit abgebaut haben, dass die Gefahr des Herdenverhaltens von Kollegen im Aufsichtsrat sowie die Gefahr der Behinderung der Geschäftsführung ebenfalls abgemildert werden, weil der Nachfolger im Vorstandsamt genügend Zeit hatte, die Strategie des Unternehmens in die von ihm intendierte Richtung zu lenken. Die Einführung einer zweijährigen *Cooling-off*-Periode ehemaliger Vorstände von börsennotierten Gesellschaften ist deshalb mit Nachdruck zu fordern. Um das Wissen der ehemaligen Vorstände während dieser Abkühlungsphase nicht brachliegen zu lassen, soll auf die Möglichkeit von Beraterverträgen näher eingegangen werden.

e) Beratervertrag

Das Gesetz lässt offen, ob der Aufsichtsrat außerhalb der Konstellationen der §§ 109 Abs. 1 Satz 2, 111 Abs. 2 Satz 2 AktG Berater hinzuziehen kann. Das Hinzuziehen von Sachverständigen für wichtige Fragen der Aufsichtsratsarbeit wird in der Literatur gefordert und für zulässig erachtet.[300] Auch der BGH befürwortet dies.[301] Die Zulässigkeit ergibt sich aus allgemeinen Erwägungen. Können schon zur Einsicht, Prüfung und Sitzung Sachverständige hinzugezogen werden, so muss dies wegen des geringeren Eingriffs erst recht außerhalb dieser Konstellationen gelten.[302] Die Aufsichtsratsmitglieder haben gem. § 111 Abs. 5 AktG die Pflicht zur selbstständigen und eigenverantwortlichen Wahrnehmung des Amtes. Deshalb dürfen Hilfspersonen Aufsichtsratsaufgaben nicht selbstständig erledigen, soweit es sich um eigenverantwortlich zu treffende Entscheidungen handelt.[303] Soweit der Aufsichtsrat aus den Beratungsunterlagen und Stellungnahmen seine eigenen Schlüsse und Folgerungen zieht, delegiert er damit noch nicht die Überwachungsaufgabe an Dritte.[304]

Um das vorhandene Wissen weiterhin für die Gesellschaft nutzbar zu machen, ohne dass das ehemalige Vorstandsmitglied zu seinem eigenen Kontrolleur wird, kann die Gesellschaft also mit diesem einen Beratervertrag vereinbaren oder einen be-

298 Hüffer, ZIP 2006, 637, 643; Wirth, ZGR 2005, 327, 342; Vetter, BB 2005, 1689, 1693; Nagel, NZG 2007, 166, 168.
299 Vetter, BB 2005, 1689, 1693; Wirth, ZGR 2005, 327, 342, Altmeppen, ZGR 2004, 390, 404.
300 So bereits Möllers, ZIP 1995, 1725, 1730; Peltzer, in: FS Semler, 1993, S. 261, 270.
301 BGH, Urt. v. 15.11.1982 – II ZR 27/82, BGHZ 85, 293, 296 f.
302 Berger, Die Kosten der Aufsichtsratstätigkeit in der Aktiengesellschaft, 2000, S. 171.
303 Berger, Die Kosten der Aufsichtsratstätigkeit in der Aktiengesellschaft, 2000, S. 170.
304 Möllers, ZIP 1995, 1725, 1730.

ratenden Beirat für verdiente Ex-Manager einrichten,[305] wie es z. B. in langjähriger Übung in Japan gehandhabt wird.[306] Durch eine solche Lösung werden die Vorteile der ehemaligen Vorstandstätigkeit für die Gesellschaft gewahrt, während die sich aus einem Ämtertausch ergebenden Risiken minimiert werden.[307]

Ein starker Vorstand ist sicherlich auch in der Lage, sich als einfacher Berater genügend Gehör zu verschaffen. Insbesondere kann er weiterhin auf die nur ihm bekannten besonderen Risiken des Unternehmens hinweisen. Allerdings hätte er kein Stimmrecht und wirkte somit formell nicht an der Willensbildung im Aufsichtsrat mit. Bietet das Unternehmen genügend finanzielle Anreize, dürfte es ein Leichtes sein, einen ehemaligen Vorstand als Berater für das eigene Unternehmen zu gewinnen und dessen Expertise zu sichern. Deshalb sollte die Empfehlung in den DCGK aufgenommen werden, dass Unternehmen ehemaligen Vorständen statt eines Aufsichtsratsmandats einen Beratervertrag anbieten sollen.

f) Maximale Prozentzahl ehemaliger Vorstände

De lege ferenda wäre auch an eine prozentuale Obergrenze für ehemalige Vorstandsmitglieder im Aufsichtsrat zu denken. Der Deutsche Corporate Governance Kodex schlägt in Ziffer 5.4.2 bereits vor, maximal zwei ehemalige Vorstandsmitglieder in den Aufsichtsrat zu wählen. Diese starre Grenze nimmt indes keine Rücksicht auf die Größe des Aufsichtsrats. Mithin kann die Zahl von zwei ehemaligen Mitgliedern deutlich unterschiedliche Auswirkungen hinsichtlich deren Einfluss im Plenum haben, je nachdem ob man von einem zwanzigköpfigen oder dreiköpfigen Aufsichtsrat ausgeht. Bei einem dreiköpfigen Aufsichtsrat würden zwei ehemalige Vorstandsmitglieder genügen, um gemeinsam Mehrheitsbeschlüsse herbeizuführen. Eine absolute Zahl als Obergrenze wirkt sich je nach Größe des Aufsichtsrats völlig unterschiedlich aus und ist deshalb abzulehnen.[308] Allein im Hinblick auf den dreiköpfigen Aufsichtsrat könnte eine Regelung Sinn machen, nach der maximal ein ehemaliger Vorstand Mitglied des Gremiums sein kann, um ein kollusives Zusammenwirken bei der nachträglichen Kontrolle der eigenen Amtsführung zu unterbinden.

Eine prozentuale Grenze würde zwar die Auswirkungen unterschiedlich großer Aufsichtsräte beseitigen.[309] Sie würde aber dem Sinn des Kodex, der Privatwirtschaft genügend Spielraum für konkrete Unternehmenssituationen zu geben, zuwiderlaufen.

305 Rode, BB 2006, 341, 343; Berrar, NZG 2001, 1113, 1119; Lange, NZG 2004, 265, 268.
306 Malik, Wirksame Unternehmensaufsicht, 1997, S. 173.
307 So auch Schiessl, AG 2002, 593, 598, ohne jedoch praktische Vorschläge zur Ausgestaltung zu machen.
308 A. A. Berrar, NZG 2001, 1113, 1119.
309 Berrar, NZG 2001, 1113, 1119 schlägt eine Obergrenze von 20% der Vertreter der Anteilseignerseite vor.

Es ist eben nicht in jeder Situation klar, wie viele ehemalige Vorstände noch angemessen sind, bevor die Nachteile eines Ämterwechsels überwiegen. Unter Umständen ist ein Unternehmen auf die Expertise eines ehemaligen Vorstands angewiesen, sodass ein Wechsel vom Vorstand in den Aufsichtsrat auch von der Hauptversammlung begrüßt wird. Zudem schafft eine solche Grenze keinerlei Lösungen für potenzielle Interessenkonflikte.

g) Karenzzeit bis zur Übernahme des Aufsichtsratsvorsitzes

Möglich wäre auch, einen direkten Wechsel in den Aufsichtsrat zuzulassen, die Übernahme des Aufsichtsratsvorsitzes aber erst nach zwei Jahren zu erlauben.[310] Diese Lösungsmöglichkeit ginge konform mit der Empfehlung der Kommission, nach der ja nur ein direkter Wechsel in den Aufsichtsratsvorsitz ausgeschlossen sein soll. Auch der DCGK sieht das zentrale Problem in der Ämterrochade zwischen den beiden Spitzenpositionen. Ein Wechsel in den Aufsichtsrat, ohne dort den Vorsitz zu übernehmen, wird generell nicht als problematisch angesehen. Dies ergibt sich im Umkehrschluss aus Ziffer 5.4.4. DCGK, die nur den Wechsel an die Spitze des Aufsichtsrats sanktioniert. Die Gründe hierfür liegen in der bereits erläuterten besonderen Position des Aufsichtsratsvorsitzenden, die ihm erheblichen Einfluss auf den Informationsfluss im Aufsichtsrat sowie die Organisation und den Ablauf der Sitzungen verleiht.[311] Mit einer Karenzzeit für die Übernahme des Vorsitzes könnte die Gefahr der zu starken Einflussnahme auf Sachverhalte aus der eigenen Amtszeit zumindest abgemildert werden. Diese Variante ließe sich z. B. auch sehr leicht durch Änderung der Geschäftsordnung des Aufsichtsrats umsetzen.[312] Dieser Vorschlag löst allerdings ebenfalls nicht das generelle Problem von Interessenkonflikten und ist deshalb wenn nur in Kombination mit anderen Maßnahmen zur Lösung der Kontrollrisiken zielführend.

h) Beschränkung auf eine Legislaturperiode

Denkbar wäre auch, die Amtszeit eines Altvorstands auf eine Legislaturperiode zu begrenzen, mithin keine Wiederwahl zuzulassen. Nach einer Legislaturperiode hätte sich sein Wissensbeitrag aus dem bisherigen Tagesgeschäft als Hauptgrund für den Wechsel weitgehend abgebaut.[313] Dennoch wird man dem entgegenhalten müssen, dass sich die generelle Branchen- und Unternehmenskenntnis als besondere Sachkunde keineswegs abgebaut, sondern sich im Gegenteil durch die intensive Kontrollarbeit im Aufsichtsrat noch verstärkt haben wird. Darüber hinaus ist fraglich, ob

310 Berrar, NZG 2001, 1113, 1119.
311 Vgl. dazu auch Hopt/Roth, in: Hopt/Wiedemann (Hrsg.), AktG, Großkommentar, Stand: Oktober 2005, § 107 Rn. 62 ff.
312 Berrar, NZG 2001, 1113, 1119.
313 Berrar, NZG 2001, 1113, 1119.

bei der gegebenen Altersstruktur ehemaliger Vorstände die Möglichkeit von zwei Amtszeiten im Aufsichtsrat tatsächlich noch eine erhebliche Relevanz besitzt, auch wenn es in Deutschland keine Altersgrenze für Aufsichtsratsmitglieder gibt. Ziffer 5.4.1 Satz 2 DCGK schlägt allerdings die Einrichtung einer Altersgrenze vor, ohne selbst eine Altersgrenze zu nennen. Die konkrete Festlegung der Altersgrenze kann durch einfachen Beschluss des Aufsichtsrats erfolgen oder durch Bestimmung in der Geschäftsordnung für den Aufsichtsrat. Auch eine Festlegung der Altersgrenze in der Satzung ist denkbar.[314] In der Praxis haben sich bereits personenbezogene Altersgrenzen zwischen 70 und 75 Jahren herausgebildet.[315] Dieser Vorschlag ist insgesamt abzulehnen, da er gerade darauf abzielt, einen direkten Wechsel zu fördern, weil dann die besonderen Kenntnisse des ehemaligen Vorstands besonders umfangreich sind. Der Vorschlag verkennt damit aber den Kern des Problems, wonach die weitaus gewichtigeren Risiken eben direkt nach einem Wechsel am größten sind.

III. Fazit

Der direkte Wechsel vom Vorstand in den Aufsichtsrat ist in Deutschland gängige Praxis und wird bislang rechtlich nicht sanktioniert. Die von der Europäischen Kommission empfohlene *Cooling-off*-Periode von fünf Jahren wurde nicht in den DCGK übernommen. Stattdessen soll nach dem DCGK ein direkter Wechsel vom Vorstand in den Aufsichtsrat nicht die Regel sein. Laut DCGK sollen nicht mehr als zwei ehemalige Vorstände im Aufsichtsrat sitzen. Die Umsetzung im DCGK bleibt damit hinter der Empfehlung der Europäischen Kommission zurück.

Der besonderen Sachkenntnis eines ehemaligen Vorstands als Grund für einen Wechsel stehen erhebliche Kontrollrisiken gegenüber, die sich durch die gängigen zivilrechtlichen Instrumente - wie etwa der Stimmenthaltung - nicht ausreichend entschärfen lassen. Aus Sicht der Aktionäre überwiegen damit die Nachteile eines Wechsels die angeführten Vorteile deutlich.[316] Angesichts der erheblichen Kontrolllücken und der mangelhaften Umsetzung der Kommissions-Empfehlung ist über Alternativen zu einem direkten Wechsel nachzudenken.

Von der Aufnahme persönlicher Voraussetzungen in die Satzung zur Entschärfung des Kontrollproblems wird bislang kein Gebrauch gemacht. Der Vorschlag *Semlers*, den Erfolg als Manager als Maßstab für die Geeignetheit zum Aufsichtsrat heranzu-

314 Kremer, in: Ringleb/Kremer/Lutter/v. Werder, Deutscher Corporate Governance Kodex, Kommentar, 3. Aufl. 2008, Ziffer 5.4.1 Rn. 1023.

315 Kremer, in: Ringleb/Kremer/Lutter/v. Werder, Deutscher Corporate Governance Kodex, Kommentar, 3. Aufl. 2008, Ziffer 5.4.1 Rn. 1024 m. w. N.; Peltzer, NZG 2002, 593, 596.

316 A. A. Holl, Die Reform des aktienrechtlichen Aufsichtsrats, 2002, S. 142, der hinsichtlich der gängigen Praxis des Wechsels vom Vorstand in den Aufsichtsrat keinen Reformbedarf sieht.

ziehen, stellt aufgrund seiner Unbestimmtheit keine geeignet Lösung dar. Da weniger intensive Möglichkeiten zur Lösung der Probleme existieren und die Expertise ehemaliger Vorstände eine knappe Ressource ist, ist kein generelles gesetzliches Verbot eines Wechsels zu fordern. Absolute oder prozentuale Obergrenzen für die Zahl von ehemaligen Vorständen im Aufsichtsrat stellen keine Lösung für Interessenkonflikte als Kern des Problems dar. Die Idee der Beschränkung auf eine Legislaturperiode fördert gerade den direkten Wechsel und ist deshalb rundweg abzulehnen. Eine verkürzte *Cooling-off*-Periode von zwei Jahren ist indes geeignet, sowohl die Gefahr mangelhafter Kontrolle, als auch die Gefahren des Herdenverhaltens und der Behinderung der Geschäftsführung zu entschärfen. Um das Wissen des ehemaligen Vorstands dennoch für die Gesellschaft nutzbar zu machen, kann die Gesellschaft während dieser Periode oder auch darüber hinaus einen Beratervertrag mit dem Ex-Vorstand abschließen. Damit ist de lege ferenda zweierlei zu fordern: die Aufnahme einer *Cooling-off*-Periode von zwei Jahren ins Aktiengesetz und die Aufnahme der Empfehlung in den DCGK, ehemaligen Vorständen Beraterverträge statt Aufsichtsratsposten anzubieten.

D. Rechtsdurchsetzung

Die bisherigen Untersuchungen haben gezeigt, dass die derzeitige Rechtslage zum Wechsel vom Vorstand in den Aufsichtsrat unbefriedigend ist, weil die nötige Unabhängigkeit durch Eigeninteressen des betroffenen Ex-Vorstands beeinträchtigt sein kann. Dies wäre aber zumindest dann hinzunehmen, wenn das Aktienrecht ausreichend effektive Mechanismen zur Verfügung stellen würde, um die Aktionäre als Eigentümer der Gesellschaft zu schützen. Da der Wechsel vom Vorstand in den Aufsichtsrat im deutschen Recht nun im DCGK verankert wurde, ist zu untersuchen, ob für die Empfehlungen des Kodex – insbesondere für die Ziffern 5.4.2 und 5.4.4 – Anknüpfungspunkte für eine zivilrechtliche Haftung bestehen. Da die Empfehlungen des Kodex auch über die Reaktionen am Kapitalmarkt Wirkung entfalten sollen, wird überprüft, inwieweit den Empfehlungen entsprochen wird und ob sich Auswirkungen auf den Börsenpreis ergeben. Zuletzt wird eine aufsichtsrechtliche Überwachung als Mittel zur Durchsetzung des Anlegerschutzes diskutiert.

I. Aktienrecht

Im Folgenden ist auf die bestehenden Mittel des Aktienrechts einzugehen, um eine ausreichende Unabhängigkeit im Aufsichtsrat – insbesondere bei ehemaligen Vorständen – durchzusetzen. Hierzu ist zunächst zu prüfen, ob die Aktionäre bei der Wahl zum Aufsichtsrat die Wahl von ehemaligen Vorständen tatsächlich verhindern und verhindern können. Um im Folgenden die Kontrollrisiken bei ehemaligen Vorstandsmitgliedern zu minimieren und sicherzustellen, dass die Gesellschaft ihre Entsprechenserklärung nach § 161 AktG einhält, kommen zivilrechtliche Haftungsklagen in Betracht. Als weitere Druckmittel werden die Anfechtungsklage, die Verweigerung der Entlastung sowie die gerichtliche Abberufung auf Antrag des Aufsichtsrats näher untersucht.[317]

1. Nicht-Wahl eines ehemaligen Vorstandsmitglieds

a) Empirie zum Wahlverhalten

Nach § 101 Abs. 1 AktG wählt die Hauptversammlung die Anteilseignervertreter im Aufsichtsrat. Die Vorschrift des § 124 Abs. 3 AktG, nach der der Aufsichtsrat Wahlvorschläge zu machen hat, kann als gesetzlich vorgeschriebene Hauptversammlungsformalität beschrieben werden, der eine echte Willensbildung des Aufsichtsrats in

317 Schiessl, AG 2002, 593, 595; Ulmer, Aktienrecht im Wandel – Entwicklungslinien und Diskussionsschwerpunkte, AcP 202 (2002), 144, 171; Claussen/Bröcker, DB 2002, 1199, 1204; Vetter, Der Deutsche Corporate Governance Kodex nur ein zahnloser Tiger?, NZG 2008, 121, 121.

aller Regel nicht vorausgeht.[318] Die eigentliche Auswahl wird meist von einigen Meinungsmachern im Vorstand und Aufsichtsrat getroffen, in einigen Fällen auch praktisch vom Vorstand allein.[319] Von den vielen hunderten oder tausenden Besuchern einer Hauptversammlung werden auch jeweils nur einige wenige die Kandidaten für die Aufsichtsratsmandate tatsächlich kennen. Durch das Mehrheitswahlrecht wird meist nur eine überwiegend homogene Besetzung der Anteilseignervertreter im Interesse der Kapitalmehrheit garantiert.[320] Meist stellt sich auch einfach der alte Aufsichtsrat zur Wiederwahl.[321] Zwar zeigt sich, dass die Hauptversammlung vereinzelt gegen den Wechsel eines Vorstandsmitglieds in den Aufsichtsrat opponiert hat.[322] Den Wechsel an sich konnte sie indes nicht verhindern. § 127 AktG räumt zwar jedem Aktionär das Recht ein, auf der Hauptversammlung einen eigenen Wahlvorschlag abzugeben. Zumeist schlagen (Klein-)Aktionäre allerdings sich selbst vor, was im Hinblick auf die Anforderungen an die fachliche Qualifikation von Aufsichtsratsmitgliedern nicht unbedingt zu einem bestellungsfähigen Gegenkandidaten führt.[323] Allerdings sind auch geeignetere Kandidatenvorschläge – etwa von Aktionärsvereinigungen – regelmäßig kaum von Erfolg gekrönt.[324] In der Praxis folgt die Hauptversammlung den Beschlussvorschlägen der Organe der Gesellschaft in 99% der Fälle.[325]

b) Wahlmodus: Blockwahl oder Einzelwahl

Das Gesetz macht hinsichtlich des Wahlmodus für die Aufsichtsratswahl keine Vorgaben. § 101 Abs. 1 AktG bestimmt lediglich, dass die Aufsichtsratsmitglieder der Anteilseignerseite von der Hauptversammlung „gewählt" werden. Die Wahl der Mitglieder im Wege der Blockwahl entspricht der gängigen Unternehmenspraxis und wird auch von der h. M. in Rechtsprechung und Literatur für zulässig gehalten, da nach dem Gesetz keine gesonderte Abstimmung über jedes einzelne Aufsichtsratsmandat erforderlich ist und es bei der Blockwahl jedem Aktionär freigestellt bleibt, gegen alle vorgeschlagenen Personen zu stimmen, wenn er die Wahl einer be-

318 Peltzer, in: Hommelhoff/Rowedder/Ulmer (Hrsg.), Max Hachenburg – Dritte Gedächtnisvorlesung 1998, 2000, S. 49, 84; Peltzer, NZG 2002, 10, 12.

319 Peltzer, in: Hommelhoff/Rowedder/Ulmer (Hrsg.), Max Hachenburg – Dritte Gedächtnisvorlesung 1998, 2000, S. 49, 84; Peltzer, NZG 2002, 10, 12; Wirth, ZGR 2005, 327, 343; Semler, in: FS Lutter, 2000, S. 721, 725 f.; Lutter, ZHR 159 (1995), 287, 301; Kort, in: Möllers (Hrsg.), Standardisierung durch Markt und Recht, 2008, S. 137, 171.

320 Theisen, in: Schreyögg/v. Werder (Hrsg.), Handwörterbuch Unternehmensführung und Organisation, 4. Aufl. 2004, S. 62, 66.

321 Peltzer, NZG 2002, 10, 12. Bei der Diskussion um das Aktiengesetz 1965 wollte der CDU-Abgeordnete Rembert van Delden die Aufsichtsräte verpflichten mehr Wahlvorschläge als Plätze im Aufsichtsrat einzureichen, um die Cliquenbildung aufzubrechen und der Hauptversammlung eine echte Wahl zu lassen, vgl. Gaulke, Der Klub der Kontrolleure – Das Versagen der deutschen Aufsichtsräte, 1997, S. 170.

322 Der erfolglose frühere Hypo-Vereinsbank-Chef Albrecht Schmidt wurde 2003 trotz Widerstand der Hauptversammlung per Gerichtsbeschluss als Aufsichtsratsvorsitzender eingesetzt, s. Bender/Vater, DStR 2003, 1807, 1808.

323 Roth/Wörle, ZGR 2004, 565, 577.

324 Roth/Wörle, ZGR 2004, 565, 577.

325 Roth/Wörle, ZGR 2004, 565, 577 m. w. N.

stimmten Person ablehnt.[326] Bisher war deshalb die Blockabstimmung als zulässig angesehen worden, wenn der Versammlungsleiter vor der Abstimmung darauf hinwies, dass Aktionäre, die auch nur mit einem Vorgeschlagenen nicht einverstanden sind, die Liste insgesamt ablehnen müssten, und dass eine Einzelwahl stattfände, wenn die erforderliche Mehrheit verfehlt wird.[327] Eine Einzelabstimmung konnte nur durch Mehrheitsbeschluss der Hauptversammlung erzwungen werden.

Aktionäre haben ein berechtigtes Interesse daran, die Wahl eines bestimmten Aufsichtsratskandidaten zu verhindern oder zumindest transparent zu machen, welches Maß an Zustimmung er auf sich vereinigt.[328] Bei der Blockabstimmung können die zur Abstimmung stehenden Kandidaten nur als Liste insgesamt angenommen oder abgelehnt werden. Es besteht somit die Gefahr, dass auch Kandidaten angenommen werden, die bei einer Einzelwahl gescheitert wären. Neuerdings entschied folglich das LG München I, dass die Blockwahl des Aufsichtsrats nicht ohne Weiteres durchgeführt werden darf und anfechtbar ist, wenn auch nur ein anwesender Aktionär Einwände gegen diese Verfahrensweise erhebt.[329] Über den Antrag auf Einzelabstimmung muss die Hauptversammlung durch Mehrheitsbeschluss entscheiden. Wenn auch die Einzelwahl bereits de lege lata zulässig ist, so sollte sie dennoch zwingend vorgeschrieben werden. Auch wenn die Hauptversammlung dadurch zeitlich in die Länge gezogen wird,[330] würde dies die Legitimation der gewählten Mitglieder stärken und die Qualifikation der tatsächlich gewählten Aufsichtsratsmitglieder verbessern.[331]

Auch der Deutsche Corporate Governance Kodex empfiehlt nun in Ziffer 5.4.3, die Wahlen zum Aufsichtsrat als Einzelwahl durchzuführen, um sicherzustellen, dass die Aktionäre nur solche Kandidaten in den Aufsichtsrat berufen, von deren Eignung und Unabhängigkeit sie überzeugt sind.[332] Allerdings besteht keinerlei Begründungs- und Informationspflicht, warum der jeweilige Bewerber vorgeschlagen wurde und welche besonderen Kompetenzen ihn als geeignet erscheinen lassen.[333] Auch bei der Einzelwahl können die Aktionäre aber nur dann eine sinnvolle Entscheidung treffen, wenn sie wissen, warum der Aufsichtsrat den Bewerber vorschlägt und welche

326 LG Dortmund, Urt. v. 26.9.1966 – 10 O 191/66, AG 1968, 390; LG Hamburg, Urt. v. 11.1.1968 – 28 O 211/67, DB 1968, 302; Hüffer, Aktiengesetz, 8. Aufl. 2008, § 101 Rn. 6; Vetter in: Marsch-Barner/Schäfer (Hrsg.), Handbuch börsennotierte AG, § 25 Rn. 24; Vetter, BB 2005, 1689, 1692; Austmann, in: FS Sandrock, 2000, S. 277, 282; Quack, in: FS Rowedder, 1994, S. 387 ff.

327 Segna, DB 2004, 1135, 1135.

328 Segna, DB 2004, 1135, 1136.

329 LG München I, Urt. v. 15. 4. 2004 - 5 HK O 10813/03, NZG 2004, 626. Dem kandidierenden Aufsichtsratsvorsitzenden wurden gravierende Managementfehler während seiner Zeit als Vorstandsvorsitzender vorgeworfen.

330 Eine Verlängerung der Hauptversammlung steht entgegen den Bestrebungen des UMAG, welches gerade das Ziel hatte, die Dauer zu verkürzen; vgl. Vetter, BB 2005, 1689, 1692.

331 Säcker, AG 2004, 180, 182.

332 Lieder, NZG 2005, 569, 573.

333 Lieder, NZG 2005, 569, 573.

Kompetenzen ihn als geeignet und unabhängig erscheinen lassen. Zwar fordert die Empfehlung der Kommission in Ziffer 11.4 und 12.2. eine Begründungs- und Informationspflicht; dies wurde jedoch im DCGK nicht umgesetzt. Hier besteht Nachbesserungsbedarf. Der Aufsichtsrat sollte seine Personalvorschläge für die Besetzung der Aufsichtsratssitze gegenüber der Hauptversammlung knapp begründen müssen. Dies würde bei evident ungeeigneten Kandidaten eine bessere Kontrolle gewährleisten.[334] Eine geeignete Klausel wäre ins Aktienrecht oder zumindest in den DCGK aufzunehmen.

2. Haftung und Haftungsdurchsetzung

Im Folgenden soll untersucht werden, ob die drohende Haftung durch Nicht-Offenlegung von Interessenkonflikten sowie durch fehlerhafte Entsprechenserklärungen nach § 161 AktG geeignet ist, um gute Corporate Governance durchzusetzen.

a) Haftung nach §§ 116, 93 AktG bei Befangenheit

Trotz strenger Haftungsmaßstäbe ist es außerordentlich schwer, Regressansprüche gegen pflichtwidrig handelnde Mitglieder des Aufsichtsrats geltend zu machen.[335] Dass der Gesellschaft ein nachweisbarer materieller Schaden daraus entsteht, dass ein Aufsichtsratsmitglied trotz seiner Befangenheit bei einem Aufsichtsratsbeschluss abgestimmt hat, ist schwer vorstellbar, mithin das Risiko einer Haftung aus §§ 116, 93 AktG gering.[336] Insbesondere sind Kampfabstimmungen im Aufsichtsrat eher selten, sodass sich die Stimme des von der Beschlussfassung ausgeschlossenen Aufsichtsratsmitglieds nur selten auf das Beschlussergebnis des Organs auswirken wird.[337] Somit gibt eine entsprechende Haftung wenig Anlass zu korrektem Verhalten.

b) Haftung bei fehlerhafter Entsprechenserklärung nach § 161 AktG

aa) Pflichtverletzung

Zudem kommt eine Haftung nach §§ 116, 93 AktG für die Nicht- oder Falschabgabe von Entsprechenserklärungen nach § 161 AktG in Betracht.[338]

334 Säcker, AG 2004, 180, 182.

335 Potthoff, Board-System versus duales System der Unternehmensverwaltung – Vor- und Nachteile, BFuP 1996, 253, 261.

336 Lutter, in: FS Priester, 2007, S. 417, 424.

337 Lutter, in: FS Priester, 2007, S. 417, 424. Der BGH hatte 1954 bei der Stimmabgabe von nicht-stimmberechtigten Aufsichtsratsmitgliedern die Nichtigkeit des Beschlusses erwogen, BGH, Urt. v. 24.2.1954 – II ZR 63/53, BGHZ 12, 327, 331. Zu recht wird aber darauf hingewiesen, dass durch die mögliche Nichtigkeit eines solchen Beschlusses eine große Rechtsunsicherheit entstünde, weil nicht immer klar ist, ob ein Aufsichtsratsmitglied sich der Stimme enthalten musste. Dies gilt es gerade im Unternehmensrecht zu vermeiden, vgl. Lutter, in: FS Priester, 2007, S. 417, 425.

338 OLG Schleswig, Urt. v. 19.9.2002 - 5 U 164/01, NZG 2003, 176, 179; Lutter, in: Ringleb/Kremer/Lutter/v. Werder (Hrsg.), Deutscher Corporate Governance Kodex, Kommentar, 3. Aufl. 2008, Rn 1623; Claussen/Bröcker, DB 2002, 1199, 1205; Kirschbaum/Wittmann, Selbstregulierung im Gesellschaftsrecht: Der Deutsche Corporate Governance Kodex, JuS 2005, 1062, 1067; Kort, AG 2008, 137, 138; Lutter/Kirschbaum, ZIP 2005, 103, 105; Schiessl, AG 2002, 593, 595.

Nach § 161 AktG müssen Vorstand und Aufsichtsrat einmal jährlich erklären, welchen Empfehlungen des DCGK entsprochen wurde/wird und welchen nicht. Dabei gebietet § 161 AktG selbst keine Pflicht zur Einhaltung der Empfehlungen, sondern nur zur Erklärung.[339] Geben Vorstand und Aufsichtsrat keine Erklärung ab, so verletzen sie ihre Pflichten schon dadurch, dass sie gegen das Gesetz, nämlich gegen § 161 AktG verstoßen. Wird die Erklärung nicht abgegeben, so kann dies der Abschlussprüfer nicht testieren (§ 322 HGB) und dem Registergericht nicht mitgeteilt werden (§ 325 HGB). Entsteht der Gesellschaft hieraus ein Schaden, so müssen die einzelnen Organmitglieder nach §§ 116, 93 AktG als Gesamtschuldner der Gesellschaft gegenüber haften.[340] Ein in Anspruch genommener Aufsichtsrat muss dann dartun, dass sein Verhalten nicht pflichtwidrig oder jedenfalls nicht schuldhaft war.[341]

bb) Deliktische Haftung bei fehlerhafter Entsprechenserklärung

Eine Haftung nach § 823 Abs. 2 BGB scheidet aus, weil weder der Kodex noch § 161 AktG ein Schutzgesetz darstellen.[342] Auch eine Haftung nach § 823 Abs. 1 BGB kommt nicht in Betracht.[343] Für die für eine Haftung nach § 826 BGB notwendige Sittenwidrigkeit wird es bei dem hier diskutierten Wechsel vom Vorstand in den Aufsichtsrat regelmäßig fehlen. Eine Sittenwidrigkeit kommt jedoch in Betracht bei bewusster Fehlinformation[344] sowie der leichtfertigen Fehlinformation im Rahmen einer besonderen Vertrauensstellung.[345] Unzutreffende Angaben in der Erklärung werden zwar häufig bewusste Falschinformationen darstellen; davon unabhängig muss das Organmitglied aber mit Schädigungsvorsatz handeln und damit mindestens die Art und Richtung der Schadensfolgen vorausgesehen und gewollt oder jedenfalls billigend in Kauf genommen haben.[346] Da Vorstände und Aufsichtsräte meist an steigenden Kursen interessiert sind, wird im Zusammenhang mit der Entsprechenserklärung ein Schädigungsvorsatz nur in Ausnahmefällen anzunehmen sein.[347] Zudem kann ein Aktionär, wenn sein eigener Schaden mit dem Schaden der Gesellschaft konkurriert (sog. Doppelschaden), lediglich Leistung des Schadenser-

339 Ettinger/Grützediek, AG 2003, 353, 354.

340 Lutter, in: Ringleb/Kremer/Lutter/v. Werder, Deutscher Corporate Governance Kodex, Kommentar, 3. Aufl. 2008, Rn. 1620.

341 Lutter, ZHR 159 (1995), 287, 305; Lutter, in: Ringleb/Kremer/Lutter/v. Werder(Hrsg.), Deutscher Corporate Governance Kodex, Kommentar, 3. Aufl. 2008, Rn. 1617.

342 Ulmer, Der Deutsche Corporate Governance Kodex – ein neues Regulierungsinstrument für börsennotierte Aktiengesellschaften, ZHR 166 (2002), 150, 168; Seibt, Deutscher Corporate Governance Kodex und Entsprechens-Erklärung (§ 161 AktG-E), AG 2002, 249, 256; Berg/Stöcker, Anwendungs- und Haftungsfragen zum Deutschen Corporate Governance Kodex, WM 2002, 1569, 1578; Ettinger/Grützediek, AG 2003, 353, 358 f.

343 Dazu näher Körper/Hähnel, in: Pfitzer/Oser/Orth (Hrsg.), Deutscher Corporate Governance Kodex, 2. Aufl. 2005, S. 379 ff.; Hanfland, Haftungsrisiken im Zusammenhang mit § 161 AktG und dem Deutschen Corporate Governance Kodex, 2007, S. 292.

344 BGH, Urt. v. 3.12.1973 - II ZR 144/72, WM 1974, 153; BGH, Urt. v. 25.01.1984 - VIII ZR 227/82, NJW 1984, 2284, 2285.

345 BGH, Urt. v. 22.6.1992 - II ZR 178/90, WM 1992, 1812, 1823; BGH, Urt. v. 26.9.2000 - X ZR 94/98, WM 2000, 2447, 2453; LG Augsburg, Urt. v. 24.9.2001 - 3 O 4995/00, WM 2001, 1944, 1946; ausführlich Möllers/Leisch, Haftung von Vorständen gegenüber Anlegern wegen fehlerhafter Ad-hoc-Meldungen nach § 826 BGB, WM 2001, 1648, 1652 ff.

346 BGH Urt. v. 14.6.2000 – VIII ZR 218/99, WM 2000, 2313 f.

347 Ettinger/Grützediek, AG 2003, 353, 360; Bertrams, Die Haftung des Aufsichtsrats im Zusammenhang mit dem Deutschen Corporate Governance Kodex und § 161 AktG, 2004, S. 80.

satzes an die Gesellschaft verlangen. Angesichts des hohen Prozessrisikos und der engen Tatbestandsvoraussetzungen ist eine deliktische Haftungsklage kaum zur Durchsetzung einer effektiven Kontrolltätigkeit geeignet.[348]

cc) Schaden und Kausalität bei fehlerhafter Entsprechenserklärung

Ein Problem ergibt sich bei der Schadensentstehung und der Kausalität von Kodexverstoß zu Schaden. Bislang konnte nicht eindeutig nachgewiesen werden, dass die Erklärungen zur Kodex-Entsprechung Kursrelevanz aufweisen.[349] Mithin ist eine Schadensentstehung durch Fehler in der Corporate Governance schwer nachzuweisen. Besonders durch die schwache Formulierung („nicht die Regel") in Ziffer 5.4.4 DCGK wird es schwer sein, einen Schaden aufgrund der Entsprechenserklärung nachzuweisen. Grundsätzlich ist zwar denkbar, dass eine Gesellschaft infolge eines beschädigten Images Kursverluste erleidet.[350] Darin liegt jedoch keine unmittelbare Schädigung des Gesellschaftsvermögens.[351] Plant eine Gesellschaft aber eine Neuemission und wird ihr das sicher geglaubte Kapital dann aufgrund eines Öffentlichwerdens der Nichtbefolgung des Kodex trotz gegenteiliger Entsprechenserklärung nicht zur Verfügung gestellt, kommt ein Schadensersatzanspruch aufgrund entgangener Vorteile in Betracht.[352] Im Regelfall wird aber ein Schaden dennoch schwer nachweisbar sein.[353]

Ähnliche Fragen entstehen bei der Kausalität.[354] Es muss nachgewiesen werden, dass ein etwaiger Kursverlust kausal durch die Pflichtverletzung entstanden ist. Ein Aktionär muss nachweisen, dass er die Aktie bei einer zutreffenden bzw. unterjährig korrigierten Entsprechenserklärung gar nicht erst erworben oder nicht behalten hätte bzw. dass seine Aktie aufgrund der Nichtabgabe der Entsprechenserklärung oder der pflichtwidrigen Nichtbefolgung von Kodex-Empfehlungen an Wert verloren hat.[355] Die Beweislastumkehr des § 93 Abs. 2 Satz 2 AktG bezieht sich ausschließlich auf die Pflichtverletzung der Organmitglieder, nicht aber auf den entstandenen Schaden und die Kausalität.[356] Aufgrund des schwierigen Nachweises von Schaden und Kausalität sind die Haftungsrisiken für Organmitglieder derzeit eher gering.

348 Schiller, Der Deutsche Corporate Governance Kodex, 2005, S. 106.

349 Nowak/Rott/Mahr, Wer den Kodex nicht einhält, den bestraft der Kapitalmarkt? – Eine empirische Analyse der Selbstregulierung und Kapitalmarktrelevanz des Deutschen Corporate Governance Kodex, ZGR 2005, 252 ff.

350 S. den Fall Siemens und deren früheren Aufsichtsratsvorsitzenden v. Pierer.

351 Seibt, AG 2002, 249, 255; Berg/Stöcker, WM 2002, 1569, 1577; Ettinger/Grützediek, AG 2003, 353, 362.

352 Ettinger/Grützediek, AG 2003, 353, 362.

353 Ettinger/Grützediek, AG 2003, 353, 362; Bachmann, Der „Deutsche Corporate Governance Kodex": Rechtswirkungen und Haftungsrisiken, WM 2002, 2137, 2142; Seibert, Im Blickpunkt: Der Deutsche Corporate Governance Kodex ist da, BB 2002, 581, 584; Seibt, AG 2002, 249, 255.

354 Claussen/Bröcker, DB 2002, 1199, 1205; Vetter, NZG 2008, 121, 122.

355 Seibt, AG 2002, 249, 255; Ettinger/Grützediek, AG 2003, 353, 363; Lutter, Die Erklärung zum Corporate Governance Kodex gemäß § 161 AktG – Pflichtverstöße und Binnenhaftung von Vorstands- und Aufsichtsratsmitgliedern, ZHR 166 (2002), 523, 526.

356 Hanfland, Haftungsrisiken im Zusammenhang mit § 161 AktG und dem Deutschen Corporate Governance Kodex, 2007, S. 307.

c) Kapitalmarktrechtliche Prospekthaftung

Nach § 44 Abs. 1 Satz 1 BörsG kann derjenige, von dem der Erlass eines Prospektes ausgeht, neben demjenigen, der für den Prospekt die Verantwortung übernommen hat, haftbar gemacht werden. Grundsätzlich kommen auch Organmitglieder als Prospektveranlasser im Sinne des § 44 Abs. 1 Satz 1 Nr. 2 BörsG in Betracht.[357] Dies stellt in der Praxis aber die Ausnahme dar.[358] Zudem stellen Entsprechenserklärungen per se keine Prospekte im Sinne von § 44 Abs. 1 BörsG dar.[359] Die Entsprechenserklärung hat nicht den Zweck, den Absatz von Aktien als Kapitalanlage zu fördern, sondern soll Angaben zur Geschäftsführung und deren Überwachung geben. Zudem kann kein schutzwürdiges Vertrauen von Investoren in die nachhaltige Unabänderlichkeit der Entsprechenserklärung vorliegen, weil diese unterjährig jederzeit geändert werden darf.[360]

d) Anspruchsteller für Haftungsklagen

Ein Ersatzanspruch gegen ein Aufsichtsratsmitglied kann nur durch den Vorstand, durch einen Mehrheitsbeschluss der Hauptversammlung oder durch ein Verfahren nach § 148 AktG geltend gemacht werden.

aa) Vorstand

Bei der Rechtsdurchsetzung von Pflichtverletzungen müsste der Vorstand gegen seinen eigenen Aufsichtsrat vorgehen, da der Anspruch der Gesellschaft als geschädigter Person zusteht (§§ 116 Satz 1, 93 Abs. 2 Satz 1 AktG) und der Vorstand gem. § 78 AktG für die Geltendmachung der Schadensersatzansprüche berechtigt und auch verpflichtet ist. Haftungsgegner ist das Aufsichtsratsmitglied.[361]

Typischerweise ist nicht zu erwarten, dass ein Gesellschaftsorgan Ersatzansprüche der Gesellschaft gegen ein anderes Gesellschaftsorgan geltend macht. Dies gilt insbesondere dann, wenn die für die Durchsetzung zuständigen Organmitglieder dem Ersatzpflichtigen kollegial verbunden sind, sie selbst ersatzpflichtig sind oder zumindest damit rechnen müssen, dass im Prozess auch sie belastende Tatsachen bekannt werden.[362] Im Hinblick auf ihre eigenen Karrierechancen werden Vorstandsmitglieder davon absehen, Schadensersatzklagen gegen die Mitglieder desjenigen

357 Berg/Stöcker, WM 2002, 1569, 1582.

358 Ettinger/Grützediek, AG 2003, 353, 357.

359 Berg/Stöcker, WM 2002, 1569, 1582; Ettinger/Grützediek, AG 2003, 353, 361; Körper/Hähnel, in: Pfitzer/Oser/Orth (Hrsg.), Deutscher Corporate Governance Kodex, 2. Aufl. 2005, S. 378.

360 Kort, in: FS Raiser, 2005, S. 203, 219; Körper/Hähnel, in: Pfitzer/Oser/Orth (Hrsg.), Deutscher Corporate Governance Kodex, 2. Aufl. 2005, S. 378 f.

361 Möllers, ZIP 2006, 1615, 1620.

362 Kiethe, Maßnahmenkatalog der Bundesregierung zur Aktienrechtsreform 2003 – „Verbesserung" des Klagerechts der Aktionäre?, ZIP 2003, 707, 707; Holl, Die Reform des aktienrechtlichen Aufsichtsrats, 2002, S. 119.

Organs voranzutreiben, welches für ihre Wiederbestellung und die Anstellungsbedingungen verantwortlich ist.[363] Um die Klage zu begründen, müsste der Vorstand vortragen, dass dem Unternehmen durch eine eigene Pflichtverletzung ein Schaden entstanden ist, dessen Ursache eine nachlässige Überwachung des Aufsichtsrats war.[364] Dies schränkt die Durchsetzbarkeit des Anspruchs erheblich ein. Haftungsprozesse finden dadurch praktisch nur bei Insolvenz oder beim Wechsel des Eigentümers statt oder wenn Großaktionäre sich unter dem Druck der Öffentlichkeit zur Klage entschließen.[365]

bb) Hauptversammlung

(1) Klageerzwingung durch Mehrheitsbeschluss

Das Zustandekommen eines Beschlusses der Hauptversammlung nach § 147 Abs. 1 Satz 1 AktG zur Erzwingung der Anspruchsverfolgung gegen Mitglieder des Aufsichtsrats der Gesellschaft ist in der Praxis äußerst selten.[366] Die Präsenz in der Hauptversammlung liegt im gewogenen Mittel nur bei etwa 45% des Kapitals.[367] Da eine einfache Stimmenmehrheit erforderlich ist, ist der Beschluss kaum gegen das Votum der Großaktionäre und Depotbanken durchzusetzen; diese sind jedoch häufig durch eigene Vertreter im Aufsichtsrat der Gesellschaft präsent, sodass sie kaum an einer Klage gegen den Aufsichtsrat Interesse haben dürften.[368] Ähnliche Probleme ergeben sich für eine Abberufung durch die Hauptversammlung, die – sofern die Satzung nichts anderes vorsieht – gem. § 103 Abs. 1 Satz 2 AktG eine Mehrheit von drei Vierteln der abgegebenen Stimmen erfordert.

(2) Klagen durch Aktionäre

Das Aktiengesetz kennt bislang kein Klagerecht eines einzelnen Aktionärs, sondern stellt seit der Einführung des UMAG in § 148 AktG ein Verfahren zur Klagezulassung einer Aktionärsminderheit zur Verfügung. Da Sorgfaltspflichtverletzungen von Vorstand und Aufsichtsrat bisher nur selten geltend gemacht wurden, wurde durch das Gesetz zur Unternehmensintegrität und Modernisierung des Anfechtungsrechts (UMAG) von 2005 die Klagedurchsetzung für Aktionärsminderheiten durch Herabsetzung der notwendigen Quoren vereinfacht. Nach § 148 AktG können Aktionäre, deren Anteile im Zeitpunkt der Antragstellung zusammen 1 % des Grundkapitals oder einen Nennbetrag von 100.000 € erreichen, den Anspruch der Gesellschaft gegen die Organe einklagen. Die Minderheit kann den Anspruch für die Gesellschaft

363 Riegger, Unternehmenskontrolle, Aufsichtsratshaftung und ihre effektive Durchsetzung, 2003, S. 175.
364 Trescher, Aufsichtsratshaftung zwischen Norm und Wirklichkeit, DB 1995, 661, 661.
365 Lutter, ZHR 159 (1995), 287, 304 f.; Trescher, DB 1995, 661, 661.
366 Riegger, Unternehmenskontrolle, Aufsichtsratshaftung und ihre effektive Durchsetzung, 2003, S. 181.
367 Claussen, in: FS Priester, 2007, S. 41, 47 m. w. N.
368 Riegger, Unternehmenskontrolle, Aufsichtsratshaftung und ihre effektive Durchsetzung, 2003, S. 181 f.

im eigenen Namen geltend machen. Durch ein gerichtliches Zulassungsverfahren sollen jedoch missbräuchliche Klagen ausgesiebt werden.

Ferner sieht § 127a AktG nun die Schaffung eines Aktionärsforums für klagewillige Kleinaktionäre im elektronischen Bundesanzeiger vor. Auch das ist eine innovative Maßnahme zur Verbesserung des Anlegerschutzes. Über dieses Forum können Aktionäre Mitstreiter für das Erreichen gesetzlicher Quoren und zur Stimmrechtsausübung suchen und sie zum Mitmachen aufrufen. Dadurch werden die Kosten der Kommunikation und Koordination entscheidend gesenkt. Ob das Aktionärsforum dazu führen wird, dass sich vermehrt Kleinaktionäre zum Erreichen des verlangten Quorums zur Klagedurchsetzung zusammenfinden, bleibt abzuwarten.

3. Anfechtbarkeit von Hauptversammlungsbeschlüssen

Wenn die Missachtung von Empfehlungen des DCGK Hauptversammlungsbeschlüsse der Gefahr der Anfechtbarkeit aussetzt, so würde dies generell zur Verbesserung der Corporate Governance der Unternehmen beitragen, denn dann würde sowohl die Akzeptanz der Kodex-Empfehlungen als auch die Ernsthaftigkeit des Umgangs mit den Pflichten des § 161 AktG gesteigert. Wäre dies nicht der Fall, bliebe nur die Verfolgung von Ersatzansprüchen gegen die Gesellschaft oder ihre Organe.[369] Im Fall MAN/Piëch wies das LG München I die gegen die Aufsichtsratswahl erhobene Anfechtungsklage ab, da eine Klage gem. § 243 Abs. 1 AktG nicht auf Verstöße gegen den Deutschen Corporate Governance Kodex gestützt werden könne.[370] Dem Gericht ist insofern zuzustimmen, als ein Hauptversammlungsbeschluss nach § 243 Abs. 1 AktG nur bei Verletzung des Gesetzes oder der Satzung angefochten werden kann; die Regelungen des DCGK stellen jedoch weder Gesetz noch Satzung dar.[371]

Allerdings liegt in der Entsprechenserklärung zum DCGK nach § 161 AktG eine Selbstbindung der Organe der Gesellschaft. § 161 AktG enthält zwar keine Regelung zu einer Revision der Erklärung; aufgrund ihrer Kapitalmarktorientierung als Grundlage für die Investitionsentscheidung der Anleger müssen Vorstand und Aufsichtsrat die Erklärung aber wohl entsprechend abändern, wenn sie unterjährig von der erklärten Praxis Abstand nehmen wollen.[372] Im vorliegenden Fall hatte der Aufsichtsrat der MAN AG beschlossen, dass im Hinblick auf Ziffer 5.4.1 Satz 2 DCGK für Aufsichtsratsmitglieder künftig „in der Regel" eine Altersgrenze von 70 Jahren gelten solle. Hiergegen wurde mit der Wahl des am 17.4.1937 geborenen *Ferdinand*

369 Vetter, NZG 2008, 121, 121.

370 LG München I, Urt. v. 22. 11. 2007 - 5 HK O 10614/07, NZG 2008, 150 ff.

371 Vetter, NZG 2008, 121, 123.

372 Vetter, NZG 2008, 121, 122; Ettinger/Grützediek, AG 2003, 353, 354; Semler/Wagner, Deutscher Corporate Governance Kodex – die Entsprechenserklärung und Fragen der gesellschaftsinternen Umsetzung, NZG 2003, 553, 556; Ulmer, ZHR 166 (2002), 150, 171; Seibt, AG 2002, 249, 254.

Piëch zur Hauptversammlung am 10.5.2007 verstoßen. Ziffer 5.4.1 Satz 2 DCGK sieht indes keine flexible Regelerklärung vor. Der Aufsichtsratsbeschluss zum Vorschlag von Herrn *Piëch* verstieß damit aufgrund mangelnder Korrektur der Entsprechenserklärung gegen § 161 AktG, mithin gegen geltendes Recht.

Die Rechtsfolgen eines Aufsichtsratsbeschlusses, der mit Mängeln behaftet ist, sind im Aktiengesetz nicht geregelt. Aufsichtsratsbeschlüsse, die gegen gesetzliche Vorschriften verstoßen, sind aber nach allgemeiner Ansicht nichtig.[373] Stimmt die Hauptversammlung über einen Beschlussvorschlag ab, der gegen gesetzliche Bestimmungen verstößt, so ist der Hauptversammlungsbeschluss nach §§ 243, 251 AktG anfechtbar. Dies gilt nicht nur bei inhaltlichen Mängeln, sondern nach § 124 Abs. 4 Satz 1 AktG auch, wenn Verfahrensfehler eingetreten sind. Wenn der Aufsichtsrat trotz Nichtigkeit seines Beschlusses der Hauptversammlung keinen wirksamen Beschlussvorschlag vorlegt, kommt dies dem Fall gleich, dass er es unterlassen hat, der Hauptversammlung überhaupt einen Beschlussvorschlag vorzulegen. Dies führt zur Anfechtbarkeit des entsprechenden Hauptversammlungsbeschlusses.[374] Zu einer Fehlerhaftigkeit kann etwa auch eine fehlende Begründung zur Wahl eines ehemaligen Vorstands in den Aufsichtsratsvorsitz oder den Vorsitz eines Aufsichtsratsausschusses nach Ziffer 5.4.4 Satz 2 DCGK führen, wenn gem. § 161 AktG erklärt wurde, dass Ziffer 5.4.4 Satz 2 DCGK entsprochen wurde. Nach der hier vertretenen Auffassung, dass zwei aufeinanderfolgende Wechsel bereits den Anschein einer Regel geben,[375] könnte auch der Hauptversammlungsbeschluss zur Wahl eines ehemaligen Vorstands an die Spitze des Aufsichtsrats anfechtbar sein, wenn bereits der Vorgänger vom Vorstand in den Aufsichtsratsvorsitz gewechselt war und die Gesellschaft erklärt hat, Ziffer 5.4.4 DCGK zu entsprechen. Die Anfechtungsklage stellt damit ein wirksames Mittel dar, um die Wahl von Aufsichtsratsmitgliedern anzufechten, sofern die Gesellschaft ihren Erklärungspflichten trotz anderweitiger Erklärung nicht entspricht.

4. Verweigerung der Entlastung

Dass einem Aufsichtsratsmitglied nach § 120 AktG die Entlastung verweigert wird, kommt in Deutschland eher selten vor. Bekannt ist der Fall des Gewerkschaftsvorsitzenden *Frank Bsirske,* der in seinem Amt als stellvertretender Aufsichtsratsvorsitzender der Lufthansa im Dezember 2002 einen Flughafenstreik im öffentlichen Dienst organisierte, welcher der Lufthansa Schäden in Millionenhöhe verursachte. Darauf-

373 BGH, Urt. v. 17.05.1993 - II ZR 89/92, BGHZ 122, 342, 351 = NJW 1993, 2307; BGH, Urt. v. 15.11.1993 - II ZR 235/92, NJW 1994, 520; Hüffer, Aktiengesetz, 8. Aufl. 2008, § 108 Rn. 18; Vetter, NZG 2008, 121, 123.

374 BGH, Urt. v. 12. 11. 2001 - II ZR 225/99, NJW 2002, 1128; LG Frankfurt a.M., Urt. v. 9.3.2004 - 3/5 O 107/03, NZG 2004, 672; Vetter, NZG 2008, 121, 124.

375 Vgl. unter C. II. 4. a).

hin verweigerten ihm die Lufthansa-Aktionäre bei der Hauptversammlung im Juni 2003 als einzigem Aufsichtsratsmitglied die Entlastung. Von weiteren rechtlichen Maßnahmen war indes nichts zu hören.[376] In einer Entlastung ist zwar kein allgemeiner Haftungsverzicht zu sehen (§ 120 Abs. 2 Satz 2 AktG); die Hauptversammlung zeigt mit ihrer Entlastungserklärung jedoch an, dass sie die Verwaltung als im Großen und Ganzen gesetz- und satzungsmäßig billigt.[377] Daher wird in der Praxis die Durchsetzung von Haftungsansprüchen bei bestehender Entlastung schwierig sein. Weitere rechtliche Konsequenzen ergeben sich zunächst nicht. Da eine verweigerte Entlastung zudem eine erhebliche negative Signalwirkung auf die Kapitalmärkte hätte, ist dies kein angemessenes Mittel, um gute Corporate Governance durchzusetzen.

5. Antrag an das Gericht auf Abberufung durch den Aufsichtsrat

Fraglich ist, ob ein bestehender Interessenwiderstreit ein wichtiger Grund sein kann, der eine gerichtliche Abberufung rechtfertigt. Ein Interessengegensatz darf nicht zur Gefährdung des Unternehmensinteresses des beaufsichtigten Unternehmens führen. Ein dauerhafter Konflikt könnte dazu führen, dass das Aufsichtsratsmitglied mehr oder weniger ständig den Aufsichtsratssitzungen fernzubleiben hätte und somit seinen organschaftlichen Pflichten der Entscheidungsfindung nicht mehr nachkommen könnte. Ein Aufsichtsratsmitglied, das sein Mandat nicht ordnungsgemäß erfüllen kann, kann nicht Mitglied im Aufsichtsrat sein.[378] Legt das Aufsichtsratsmitglied sein Mandat nicht nieder, ist der Tatbestand der Treuepflichtverletzung erfüllt. In diesem Fall kann das Organmitglied nach § 103 Abs. 3 AktG außerordentlich abberufen werden.[379] Dementsprechend empfiehlt der Deutsche Corporate Governance Kodex auch in Ziffer 5.5.3, dass wesentliche und dauerhafte Interessenkonflikte zur Beendigung des Mandats führen sollen.[380] Der Stellung eines Abberufungsantrags durch die Mitglieder des Aufsichtsrats stehen indes das Zusammengehörigkeitsgefühl der Gruppe, die langjährige Verbundenheit durch die gemeinsame Arbeit oder die Rücksichtnahme auf Gruppeninteressen in vielen Fällen entgegen. Eine vorzeitige Abberufung aus dem Amt kommt praktisch niemals vor.[381]

376 Hopt, ZGR 2004, 1, 4 m. w. N.

377 Hüffer, Aktiengesetz, 8. Aufl. 2008, § 120 Rn. 11.

378 Semler/Stengel, NZG 2003, 1, 6; Lutter, ZHR 145 (1981), 224, 236; Wardenbach, Interessenkonflikte, 1996, S. 50; Reichert/Schlitt, AG 1995, 241, 245 ff.; Hopt, ZGR 2004, 1, 34.

379 Möllers, ZIP 2006, 1615, 1620.

380 Peltzer, in: FS Priester, 2007, S. 573, 588. Zu denken ist auch hier an den Fall des Gewerkschafters und stellvertretenden Aufsichtsratsvorsitzenden der Lufthansa AG, Frank Bsirske.

381 Riegger, Unternehmenskontrolle, Aufsichtsratshaftung und ihre effektive Durchsetzung, 2003, S. 166.

6. Druck durch institutionelle Investoren

Institutionelle Investoren, wie etwa Pensionsfonds und Lebensversicherungen, verfügen aufgrund ihres umfangreichen Aktienbesitzes auch über eine erhöhte Verhandlungsmacht gegenüber der Geschäftsleitung. Sie fordern oft als einzige Aktionäre eine Erläuterung der Geschäftspolitik von der Geschäftsleitung und dringen auf die Einhaltung bestimmter Corporate Governance-Praktiken. Von institutionellen Investoren eingebrachte Anträge haben statistisch gesehen eine wesentlich höhere Chance, eine Abstimmungsmehrheit zu erlangen, als die Anträge anderer Aktionäre.[382] Ihr tatsächlicher Einfluss ist damit deutlich höher als ihr numerischer Stimmenanteil. Damit verfügen sie auch über eine gewisse Verhandlungsmacht außerhalb der Hauptversammlung.[383] Wer einen bedeutenden Anteil der Aktien besitzt, findet bei der Geschäftsleitung Gehör und scheut auch nicht die Kosten, die das aktive Überwachen der Unternehmenspolitik verursacht.[384] Von institutionellen Investoren kann erwartet werden, dass sie zumindest auf einen professionellen Umgang mit Interessenkonflikten im Aufsichtsrat hinwirken werden. Allerdings mag dies je nach Einzelfall unterschiedlich sein; ein verlässliches Druckmittel zur Durchsetzung guter Corporate Governance ist darin jedenfalls nicht zu sehen.

7. Zwischenfazit

Insbesondere aufgrund der bisher gängigen Blockwahl hatten Aktionäre kaum Möglichkeiten, ein unliebsames Aufsichtsratsmitglied zu verhindern. Wenn auch das Urteil des LG München I neue Perspektiven für eine Einzelwahl aufzeigt, so ist selbige doch als gesetzliche Norm zu fordern. Des Weiteren sollte de lege ferenda eine Begründungspflicht für Kandidatenvorschläge zum Aufsichtsrat ins Aktiengesetz aufgenommen werden. Trotz umfassender Haftungsnormen bleibt die Haftungsdurchsetzung bisher vernachlässigbar. Dies liegt zum einen an der Schwierigkeit, einen Schaden der Gesellschaft kausal auf das Verschulden von Organmitgliedern rückzuführen, und zum anderen daran, dass Kleinanleger bisher kaum das nötige Quorum erreichten, um einen Antrag stellen zu können. Ob hieran die durch das UMAG eingeführten Neuerungen etwas ändern werden, bleibt abzuwarten. Während die Verweigerung der Entlastung und die gerichtliche Abberufung eher weniger probate Mittel zur Durchsetzung des Aktionärsschutzes sind, stellt die Anfechtungsklage ein wirksames Mittel dar, um die Einhaltung von Entsprechenserklärungen - insbesondere hinsichtlich der Wahl von Aufsichtsratsmitgliedern - durchzusetzen. Der Druck institutioneller Investoren dürfte zusätzlich auf die Einhaltung von Corporate Governance-Standards hinwirken.

382 Teichmann, Corporate Governance in Europa, ZGR 2001, 645, 652.

383 Hopt, ZIP 2005, 461, 472.

384 Teichmann, ZGR 2001, 645, 652 f.

II. Kodex

Die Lösung von Corporate Governance-Problemen kann prinzipiell entweder dem Marktgeschehen überlassen werden oder Gegenstand gezielter Regelungen sein. Da eine Regulierung grundsätzlich Kosten verursacht, sind marktliche Lösungen unter Effizienzgesichtspunkten im Prinzip vorzuziehen. Viele der bisher aufgezeigten Probleme wurden vom Gesetzgeber nicht normiert, sondern der privaten Regelung im DCGK überlassen. Dies bedeutet einen Schritt weg vom deutschen System interner Corporate Governance[385] und hin zum kapitalmarktrechtlichen System angelsächsischer Prägung,[386] der aus der zunehmenden internationalen Verflechtung der Kapitalmärkte heraus erklärbar ist. Corporate Governance-Erklärungen sind insofern juristisch neu und weniger griffig, als die Selbstverpflichtung, bestimmte Dinge zu tun oder zu unterlassen, gewissermaßen in die Weite des Kapitalmarkts hineingesprochen wird und es an einer Annahme durch einen Vertragsgegner fehlt.[387] Insofern beginnt hier das Kapitalmarktrecht, das allgemeine Zivilrecht zu beeinflussen und zu überlagern.[388]

Um einem Kodex trotz seiner Unverbindlichkeit eine rechtliche Bedeutung zu geben, muss zumindest ein Anknüpfungspunkt im geltenden Recht geschaffen werden.[389] Deshalb sieht § 161 AktG vor, dass Vorstand und Aufsichtsrat bei börsennotierten Gesellschaften einmal jährlich erklären sollen, welchen Empfehlungen des Kodex entsprochen wurde und welchen nicht.[390] Somit entsteht ein flexibles System, das den beteiligten Akteuren die Autonomie zubilligt, je nach Einzelfall zu unterscheiden, welche Praktiken im Rahmen geltenden Rechts als förderlich für den Unternehmenserfolg angesehen werden.

Dieser Ansatz vertraut auf die Effizienz der Kapitalmärkte, die somit selbst entscheiden können, was sie als gute Corporate Governance ansehen und was nicht. Trotz neuer Regelungen in Form von Empfehlungen in Kodices bedeutet dies einen Schritt in Richtung Deregulierung. Der Staat zieht sich aus der Regulierung privatwirtschaftlicher Beziehungen zurück und überlässt es den beteiligten Akteuren – den Aktionären – mit den Füßen abzustimmen. Auf der Basis von Informationen

385 Das deutsche Modell sieht eine Struktur der „checks and balances" vor, nach der ein zwingend einzurichtender Aufsichtsrat die Interessen der Eigentümer gegenüber der Geschäftsleitung zu vertreten hat. Das Unternehmensinteresse wird politisch durch Abgleich der Interessen von Anteilseignern, Arbeitnehmern, Lieferanten, Abnehmern, Politikern und sonstigen stakeholdern ausgehandelt. Vgl. Nagel, NZG 2007, 166, 167.

386 Hopt, in: Hommelhoff/Rowedder/Ulmer (Hrsg.), Max Hachenburg – Dritte Gedächtnisvorlesung 1998, 2000, S. 9, 41.

387 Im angelsächsischen Rechtskreis haben die Börsen bereits viel früher als in Europa durch Empfehlungen, Kodices und Börsenselbstverwaltungsregeln zur Debatte über Corporate Governance beigetragen. Vgl. Hopt, in: Hommelhoff/Rowedder/Ulmer (Hrsg.), Max Hachenburg – Dritte Gedächtnisvorlesung 1998, 2000, S. 9, 42.

388 Peltzer, NZG 2002, 10, 11.

389 S. a. Claussen, in: FS Priester, 2007, S. 41, 41 f.

390 Sind die Organe uneins, erklären Vorstand und Aufsichtsrat jeder für sich; Claussen/Bröcker, DB 2002, 1199, 1204.

soll durch den Druck des Kapitalmarktes die Einhaltung des Kodex überwacht und sanktioniert werden.[391] Es wird erwartet, dass bei überdurchschnittlicher Befolgung bzw. Nichtbefolgung eine Belohnung durch Kurszuschläge bzw. eine Sanktionierung durch Kursabschläge erfolgt. Damit wird die Einhaltung des Kodex den Selbstregulierungskräften des Kapitalmarkts überlassen. Der Markt für Eigenkapital soll unbefriedigende Entwicklungen im Unternehmen durch die idealtypische Sequenz von Aktienverkäufen, Kursrückgängen, feindlicher Übernahme und Auswechslung des Managements sanktionieren.[392]

Unausgesprochene Prämisse für diese Art von *private governance* ist das Vorliegen effizienter Kapitalmärkte mit möglichst geringen Transaktionskosten, um sicherzustellen, dass die Aktionäre bei einer negativen Einschätzung der Governance des Unternehmens ihre Aktien auch verkaufen können. Zusätzlich müssen die beteiligten Marktteilnehmer umfassend über die gängige Unternehmenspraxis informiert werden, um ein Problem überhaupt zu erkennen und eine informierte Entscheidung treffen zu können. Inwieweit dieses System ökonomisch effizient und rechtlich effektiv ist, soll im Folgenden untersucht werden.

1. Die Entsprechenserklärung nach § 161 AktG

Der Deutsche Corporate Governance Kodex enthält drei Bestandteile:

- eine Wiedergabe gesetzlicher Bestimmungen, die ohnehin befolgt werden müssen,
- Empfehlungen, die nicht befolgt werden müssen, deren Nichtbefolgung aber gemeldet werden muss,
- Anregungen, die ebenfalls nicht befolgt werden müssen, deren Nichtbefolgung aber auch nicht gemeldet zu werden braucht.[393]

Nach § 161 Satz 1 AktG müssen Vorstand und Aufsichtsrat jährlich erklären, welchen Empfehlungen des DCGK entsprochen wurde und für welche Empfehlungen die Absicht besteht, sie in Zukunft zu befolgen. Die Erklärung muss sich also nur mit den Empfehlungen befassen.[394] Dabei stellt die Erklärung für die Vergangenheit eine rei-

391 Nowak/Rott/Mahr, ZGR 2005, 252, 256.

392 Teichmann, ZGR 2001, 645, 647; v. Werder, in: Schreyögg/v. Werder (Hrsg.), Handwörterbuch Unternehmensführung und Organisation, 4. Aufl. 2004, S. 160, 165. Auch ohne dass das Management ausgewechselt wird, wirkt sich ein Kursabschlag negativ auf die Kapitalkosten eines Unternehmens aus.

393 Peltzer, NZG 2002, 593, 594; Ringleb, in: Ringleb/Kremer/Lutter/v. Werder, Deutscher Corporate Governance Kodex, Kommentar, 3. Aufl. 2008, Vorbem. Rn. 42 – 45; Claussen, in: FS Priester, 2007, S. 41, 44 f.

394 Peltzer, NZG 2002, 593, 594.

ne Wissenserklärung über das tatsächliche Verhalten dar, während es sich bei der in die Zukunft gerichteten Erklärung um eine Absichtserklärung handelt.[395] Eine Verpflichtung, Abweichungen zu begründen, besteht weitestgehend nicht.[396] Es reicht vielmehr aus, dass die Abweichungen in der Entsprechenserklärung benannt werden.[397]

Die Erklärung ist den Aktionären dauerhaft zugänglich zu machen. Dies erfordert nicht notwendigerweise Papierform, es genügt auch die jederzeitige Zugriffsmöglichkeit etwa auf der Website der Gesellschaft.[398] Durch diese zusätzliche Transparenz können sich Anleger ein Urteil über die aktuelle Beachtung des Kodex durch den Vorstand und Aufsichtsrat der Gesellschaft und über die Kodex-Konformität in der jüngeren Vergangenheit bilden.[399] Zudem ist die Erklärung dem Handelsregister einzureichen.[400] Der Abschlussprüfer der Gesellschaft prüft, ob die Erklärung nach § 161 AktG von Vorstand und Aufsichtsrat abgegeben wurde.[401] Der Abschlussprüfer hat hingegen keine Aussage darüber zu treffen, ob die Erklärung richtig ist, und ob den Empfehlungen des Deutschen Corporate Governance Kodex tatsächlich entsprochen wurde.[402] Hierin liegt bereits eine Schwäche des § 161 AktG. Zwar ist es dem Abschlussprüfer kaum zuzumuten, jedwede Empfehlung des DCGK auf ihre Umsetzung im Unternehmen zu überprüfen. Auf der anderen Seite wird man wohl ebenso wenig erwarten, dass Unternehmen im großen Stil Falschaussagen in ihren Entsprechenserklärungen treffen und dies vom Kapitalmarkt übersehen wird. Dennoch ergibt sich ein breiter Spielraum für die Auslegung der Kodex-Empfehlungen durch die Unternehmen und ihre diesbezüglichen Entsprechenserklärungen, wenn eine Überprüfung der Konformität von Erklärung und tatsächlicher Situation im Unternehmen vollständig unterbleibt.

Um der rechtlichen Notwendigkeit des § 161 AktG zu entsprechen, würde schon eine lapidare Aussage wie „Die Gesellschaft befolgt den Kodex" genügen.[403] Selbstverständlich werden Unternehmen aber versuchen, die Erklärung als PR-Instrument im Kampf um die Gunst der Aktionäre zu verwenden und damit die Kaufentschei-

395 Vetter, NZG 2008, 121, 122.

396 Ringleb, in: Ringleb/Kremer/Lutter/v. Werder, Deutscher Corporate Governance Kodex, Kommentar, 3. Aufl. 2008, Vorbem. Rn. 47.

397 Ringleb, in: Ringleb/Kremer/Lutter/v. Werder, Deutscher Corporate Governance Kodex, Kommentar, 3. Aufl. 2008, Rn. 1561.

398 Peltzer, NZG 2002, 593, 594; Nowak/Rott/Mahr, ZGR 2005, 252, 255; Vetter, BB 2005, 1689, 1694; s.a. Ziffer. 3.10 DCGK.

399 Vetter, BB 2005, 1689, 1694.

400 § 325 Abs. 1 HGB.

401 Vgl. § 285 Nr. 16 HGB.

402 Ringleb, in: Ringleb/Kremer/Lutter/v. Werder, Deutscher Corporate Governance Kodex, Kommentar, 3. Aufl. 2008, Vorbem. Rn. 49; Peltzer, NZG 2002, 593, 594; Nowak/Rott/Mahr, ZGR 2005, 252, 259.

403 Die Einführung sog. score cards, bei denen je nach Grad der Einhaltung von Empfehlungen unterschiedliche Punkte vergeben werden, würde eine bessere Differenzierung ermöglichen. Eine Punkteverteilung schafft zudem bessere Voraussetzungen für eine quantitative Einschätzung der Corporate Governance eines Unternehmens, was eine Einpreisung am Kapitalmarkt begünstigt. Dennoch verbliebe die Schwäche der mangelnden Überprüfbarkeit der Entsprechenserklärungen. Vgl. Peltzer, NZG 2002, 593, 594.

dung von Kleinanlegern und institutionellen Investoren zu beeinflussen.[404] Fraglich ist indes, ob Aspekte der Corporate Governance bei der Kaufentscheidung neben den wirtschaftlichen Kriterien wie etwa dem Cashflow des Unternehmens Bestand haben können. Erste Ansätze zu einer Einpreisung von Corporate Governance sind erkennbar. So hat die Deutsche Vereinigung für Finanzanalyse und Asset Management (DVFA) eine „Scorecard for German Corporate Governance" entwickelt, die die prozentuale Einhaltung von DCGK-Empfehlungen in ein Analysewerkzeug einbezieht. In einem weiteren Schritt wird dann unter Berücksichtigung konventioneller Kennzahlen die Empfehlung „Kaufen", „Halten" oder „Verkaufen" erstellt.[405] Ob und wie sich eine Einpreisung aber börsenweit durchsetzt, bleibt abzuwarten.

Um die Effektivität des Kodex als nicht-gesetzliches Druckinstrument beurteilen zu können, muss untersucht werden, inwieweit Unternehmen die Empfehlungen des Kodex akzeptieren, ob die Umsetzung mit der Erklärung übereinstimmt und ob dies Relevanz für die Kursentwicklung der Unternehmen besitzt.

2. Empirie zur Kodex-Akzeptanz

Vom *Berlin Center of Corporate Governance* werden jährlich im Auftrag der Regierungskommission Deutscher Corporate Governance Kodex empirische Studien durchgeführt, um die Akzeptanz der Regelungen des DCGK in der Wirtschaftspraxis systematisch zu erheben. Kritisch anzumerken ist, dass das *Berlin Center of Corporate Governance* nach eigenen Angaben von zahlreichen großen DAX-Unternehmen unterstützt wird, was bei der Frage der Neutralität der Forschungsergebnisse zumindest berücksichtigt werden muss.[406] Nach seiner letzten Revision am 14.6.2007 enthält der DCGK insgesamt 80 Empfehlungen und 23 Anregungen zur Leitung und Überwachung börsennotierter Gesellschaften, die über die rechtlich verbindlichen Regelungen hinausgehen und sich als Standards guter Corporate Governance verstehen.[407] Dabei wurden die neu geregelten Ziffern 5.4.2 und 5.4.4 erstmals in der empirischen Studie 2006 in die Untersuchung einbezogen.[408] Die Untersuchung basiert auf einer Befragung aller 638 Unternehmen, die nach Angaben der Deutsche Börse AG an der Frankfurter Wertpapierbörse notiert waren und ihren gesellschaftsrechtlichen Sitz in Deutschland hatten. Dabei wurde in der Untersuchung für 2008 eine aggregierte Übereinstimmung mit den Empfehlungen von 91,4 % festge-

404 Peltzer, NZG 2002, 593, 594.

405 Abrufbar unter www.dvfa.de/die_dvfa/standards/corporate_governance/dok/35333.php. Näher hierzu auch Claussen/Bröcker, DB 2002, 1199, 1205.

406 www.bccg.tu-berlin.de/main/unternehmen.htm.

407 v. Werder/Talaulicar, Kodex Report 2008: Die Akzeptanz der Empfehlungen und Anregungen des Deutschen Corporate Governance Kodex, DB 2008, 825, 825.

408 v. Werder/Talaulicar, Kodex Report 2006: Die Akzeptanz der Empfehlungen und Anregungen des Deutschen Corporate Governance Kodex, DB 2006, 849 ff.

stellt.[409] Für die ausreichende Zahl unabhängiger Mitglieder im Aufsichtsrat (Ziffer 5.4.2 Satz 1 DCGK) erklärten 99 % der Unternehmen, mit dieser Empfehlung übereinzustimmen.

97,9 % aller Unternehmen erklärten, nicht mehr als zwei ehemalige Vorstandsmitglieder im Aufsichtsrat zu haben.[410] Eine geringere Akzeptanz ergab sich für die Empfehlung, dass der Wechsel vom Vorstand an die Spitze des Aufsichtsrats nicht die Regel sein soll.[411] Hier lag die Akzeptanz insgesamt bei 87,3 %, wobei es nicht zu vernachlässigende Differenzen bei den unterschiedlichen Börsensegmenten gab. So erklärten 100 % der TecDAX-Unternehmen, mit Ziffer 5.4.4 Satz 1 DCGK übereinzustimmen, jedoch nur 75 % der DAX-Unternehmen.[412] Obwohl diese Empfehlung bereits recht flexibel („soll nicht die Regel sein") formuliert ist, wird sie von einem Viertel der befragten DAX-Gesellschaften nicht befolgt. Sie weist damit im DAX das niedrigste Akzeptanzniveau aller 80 Kodex-Empfehlungen auf.[413] Die Akzeptanzquoten hatten in den beiden vorangegangenen Studien bei den betrachteten Empfehlungen auf vergleichbarem Niveau gelegen.[414] Zumindest bleibt festzuhalten, dass trotz einer geringen Akzeptanz der Ziffer 5.4.4 Satz 1 DCGK bei den DAX-Unternehmen von nur 75 % immerhin 95,8 % erklären, einen Wechsel vom Vorstand an die Spitze des Aufsichtsrats nach Ziffer 5.4.4 Satz 2 DCGK der Hauptversammlung gegenüber besonders begründen zu wollen.[415] Über den Umfang einer solchen Erklärung macht der Kodex jedoch keine Aussagen, sodass diese durchaus auch sehr knapp ausfallen kann.

Die Akzeptanz der Empfehlungen ist nach den vorliegenden Studien ausgesprochen hoch. Was zunächst als erfreulich erscheint, muss dennoch kritisch hinterfragt werden. So muss vor allem festgestellt werden, dass die Einschätzung der Entsprechung mit dem Kodex von Vorstand und Aufsichtsrat gemeinsam vorgenommen wird. Viele Empfehlungen betreffen aber gerade das Verhalten dieser beiden Organe. Vorstand und Aufsichtsrat werden ein natürliches Interesse daran haben, in möglichst vielen Fällen mit den Empfehlungen übereinzustimmen, um das Unternehmen positiv darzustellen und eine negative Reaktion am Kapitalmarkt zu verhindern.[416] Da die Übereinstimmung der Entsprechenserklärung mit den realen Verhältnissen von niemandem überprüft wird, spricht wenig dagegen, die Interpretation einer Emp-

409 v. Werder/Talaulicar, DB 2008, 825, 825.
410 Ziffer 5.4.2 Satz 3 DCGK.
411 Ziffer 5.4.4 Satz 1 DCGK.
412 v. Werder/Talaulicar, DB 2008, 825, 828.
413 v. Werder/Talaulicar, DB 2008, 825, 829.
414 v. Werder/Talaulicar, DB 2006, 849 ff., v. Werder/Talaulicar, Kodex Report 2007: Die Akzeptanz der Empfehlungen und Anregungen des Deutschen Corporate Governance Kodex, DB 2007, 869 ff.
415 v. Werder/Talaulicar, DB 2008, 825, 828.
416 Theisen/Raßhofer, Wie gut ist „Gute Corporate Governance"? – Ein aktueller Praxistest, DB 2007, 1317, 1321 sprechen insoweit vom DCGK als einem fast reinen Marketinginstrument.

fehlung entsprechend weit zu dehnen. Die sehr weit gefassten Formulierungen des Kodex („nicht die Regel") leisten dem Vorschub. Diese Gefahr wird sogar von den Verfassern der Studie eingeräumt.[417]

3. Tatsächliche Umsetzung

Ob des weiten Interpretationsspielraums der Empfehlungen versuchte eine Studie von *Theisen/Raßhofer*[418] herauszufinden, inwieweit bestimmte Kodex-Empfehlungen auch tatsächlich umgesetzt werden. Während alle befragten Unternehmen erklärten, die untersuchte Empfehlung umzusetzen,[419] erklärten knapp 78 % der DAX-Unternehmen (und ein noch größerer Anteil von Unternehmen in den anderen Börsensegmenten), dass sie nicht bereit seien, nähere Auskunft über die Ausgestaltung zu geben, da es sich hierbei um interne Angelegenheiten handele. Die Verfasser schließen hieraus zu Recht, dass der Aktionär und der Kapitalmarkt zwar die Erklärung erhalten, die Umsetzung einer konkreten Erklärung aber in keiner Weise überprüfen können sollen.[420] Bei näherer Untersuchung stellten die Verfasser fest, dass die meisten Unternehmen in Bezug auf die untersuchte Empfehlung entgegen ihrer Erklärung nichts gegenüber der Situation vor Einführung des Deutschen Corporate Governance Kodex geändert hatten.[421] Eine weitere Studie, die statt der Entsprechenserklärungen die tatsächlichen Verhältnisse untersuchte, fand ebenfalls erhebliche Abweichungen zum DCGK.[422]

Es muss somit damit gerechnet werden, dass die Akzeptanz der Empfehlungen des Kodex insgesamt weit überbewertet ist.[423] Bemerkenswert ist zudem, dass dennoch ein Viertel aller DAX-Unternehmen nicht darauf verzichten will, ein ehemaliges Vorstandsmitglied den Aufsichtsratsvorsitz übernehmen zu lassen. In ihrem Bericht über die Umsetzung bemängelt die Europäische Kommission insbesondere, dass oft noch ehemalige Vorstandsvorsitzende unmittelbar Vorsitzender des Aufsichtsorgans desselben Unternehmens werden, was die Unabhängigkeit der nicht geschäftsführenden Aufsicht beeinträchtige.[424]

---

417 v. Werder/Talaulicar, DB 2008, 825, 832.

418 Theisen/Raßhofer, DB 2007, 1317 ff.

419 Es handelte sich hierbei um die Ziffer 3.4 DCGK nach der der Aufsichtsrat die Informations- und Berichtspflichten des Vorstands näher festlegen soll.

420 Theisen/Raßhofer, DB 2007, 1317, 1319.

421 Theisen/Raßhofer, DB 2007, 1317, 1320.

422 Oser/Bloß, in: Pfitzer/Oser/Orth (Hrsg.), Deutscher Corporate Governance Kodex, 2. Aufl. 2005, S. 323 ff.

423 So auch Gerum, Das deutsche Corporate Governance-System – Eine empirische Untersuchung, 2007, S. 399 f.

424 Europäische Kommission, Bericht zur Umsetzung der Empfehlung der Kommission zu den Aufgaben der nicht-geschäftsführenden Direktoren/Aufsichtsratsmitglieder sowie zu den Ausschüssen des Verwaltungs-/Aufsichtsrats durch die Mitgliedstaaten vom 13.7.2007, abrufbar unter http://ec.europa.eu/internal_market/company/docs/independence/sec20071022_en.pdf.

4. Systemvoraussetzungen

Ein rational handelnder Kapitalanleger wird eher in eine lukrativere Kapitalanlage investieren (*exit*) als den teureren und mit mehr Unsicherheiten behafteten Weg der Beeinflussung des Managements zu gehen (*voice*), weil der Verkauf im Rahmen des Börsenhandels in der Regel zu relativ geringen Transaktionskosten möglich ist. Diese Entwicklung ist letztlich auch vom Kodex erwünscht. Durch eine umfassende Information der Anleger und maximale Transparenz wird eine Unternehmenssteuerung durch eine Preisbildung am Kapitalmarkt ermöglicht. Fraglich ist, ob die Systemvoraussetzungen in Deutschland ausreichend ausgestaltet sind, damit der beabsichtige Mechanismus greift.

In der ökonomischen Literatur wird vertreten, dass positive Veränderungen in der Corporate Governance durch freiwillige Selbstregulierung eine hohe Qualität des Anlegerschutzes voraussetzen.[425] Demnach sollte eine freiwillige Selbstregulierung ohne Durchsetzungsmechanismen nur befürwortet werden, wenn ein umfassender und zuverlässiger Schutz von Minderheitsaktionären gewährleistet ist.[426] Im Vergleich mit anderen Ländern – insbesondere Ländern mit angelsächsischer Rechtstradition – wird die deutsche Corporate Governance als ein System mit ausgeprägtem Gläubigerschutz, aber vergleichsweise geringem Schutz von Minderheitsaktionären beschrieben.[427] Aus dem starr kodifizierten kontinentaleuropäischen Zivilrecht ergeben sich nur eingeschränkte Möglichkeiten einer ergebnisorientierten Einzelfallrechtsprechung im Sinne des Schutzes von Minderheitsaktionären.[428] Inwieweit die Entsprechenserklärungen zum DCGK trotz unzureichender Systemvoraussetzungen Einfluss auf den Börsenkurs haben, soll im Folgenden untersucht werden.

5. Empirie zur Kodex-Relevanz

Eine wichtige Voraussetzung für die Effektivität der Selbstregulierung ist, dass die Entsprechenserklärung von den Kapitalmarktteilnehmern auch entsprechend gewürdigt wird.[429] Eine empirische Studie von *Nowak/Rott/Mahr* analysierte alle 337 Gesellschaften mit Sitz in Deutschland, deren Wertpapiere per 31. Oktober 2003 im Prime Standard der Deutschen Börse AG notiert waren.[430] Die Entsprechenserklärungen 2002 der Gesellschaften wurden auf den jeweiligen Internetseiten abgefragt oder schriftlich angefordert. Da bei einigen Gesellschaften der genaue Veröffentlichungszeitpunkt der Entsprechenserklärung und somit die Auswirkung auf den

425 La Porta et. al., Investor protection and corporate governance, Journal of Financial Economics 2000, 3 ff.
426 Nowak/Rott/Mahr, ZGR 2005, 252, 253.
427 La Porta et. al., Journal of Financial Economics 2000, 3 ff.
428 Nowak/Rott/Mahr, ZGR 2005, 252, 257.
429 Nowak/Rott/Mahr, ZGR 2005, 252, 259.
430 Nowak/Rott/Mahr, ZGR 2005, 252, 273.

Aktienkurs nicht bestimmt werden konnten, verblieben 145 Gesellschaften für eine zuverlässige Datenauswertung. Die Untersuchung zeigte, dass bei genereller Akzeptanz des Kodex keine signifikante Kursreaktion eintrat.[431] Ebenso wenig reagierte der Kapitalmarkt mit Kursauf- oder –abschlägen, wenn bei Veröffentlichung der Entsprechenserklärung bekannt wurde, dass ein Unternehmen eine überdurchschnittlich hohe oder niedrige Anzahl von Abweichungen zum Kodex aufwies.[432] Als Ergebnis dieser Studie muss also festgehalten werden, dass die Abgabe der Entsprechenserklärung keine erhebliche Kursbeeinflussung auslöst und die für das *enforcement* des Kodex angenommene Selbstregulierung durch den Kapitalmarkt nicht stattfindet.

Eine weitere Studie, die neben der in der Entsprechenserklärung dargelegten Befolgung des DCGK weitere Kriterien der Corporate Governance abfragt, verzeichnet zumindest einen leicht positiven Zusammenhang zwischen guter Corporate Governance und der durchschnittlichen Rendite von Unternehmen.[433] Verhaltenssteuernde Auswirkungen hat dies indes nur, wenn das Management aller Unternehmen um diesen Zusammenhang weiß, oder die Teilnehmer am Kapitalmarkt aufgrund dieses Zusammenhangs dem Unternehmen einen höheren Börsenwert beimessen, was nicht beobachtet werden kann. Damit ist die Befolgung der Kodex-Empfehlungen für den Börsenkurs irrelevant. Wenn aber der Kapitalmarkt keinen ausreichenden Druck auf die Unternehmen ausübt, ist der deutsche Gesetzgeber zum Handeln aufgefordert, um die Zielerreichung im Sinne eines verbesserten Investorenschutzes nachhaltig zu sichern.[434]

6. Shaming

Neben der intendierten Regulierung über Reaktionen am Kapitalmarkt führt der DCGK zudem das sog. *Shaming* zum Zwecke der Verhaltenssteuerung von Organmitgliedern ins deutsche Recht ein. Die Maßnahme des *Shaming* - das öffentliche Bekanntgeben von Verfehlungen - entfaltet eine enorme Abschreckungswirkung durch die gesellschaftliche Missbilligung bei Pflichtverletzungen und weil sie das berufliche Fortkommen von Organmitgliedern erheblich beeinträchtigen kann.[435]

Der Kodex sieht vor, dass der Aufsichtsrat die Hauptversammlung über jeden Interessenkonflikt unterrichten soll.[436] Damit wird versucht, über die Funktion des *Public Shaming* die Entstehung von Interessenkonflikten zu verhindern oder den Umgang

431 Nowak/Rott/Mahr, ZGR 2005, 252, 274 f.; s.a. Claussen/Bröcker, DB 2002, 1199, 1200 f.

432 Nowak/Rott/Mahr, ZGR 2005, 252, 276 f.

433 Drobetz/Schillhofer/Zimmermann, Ein Corporate Governance Rating für deutsche Publikumsgesellschaften, ZfB 2004, 5 ff.

434 Nowak/Rott/Mahr, ZGR 2005, 252, 279.

435 Fleischer, Erweiterte Außenhaftung der Organmitglieder im Europäischen Gesellschafts- und Kapitalmarktrecht – Insolvenzverschleppung, fehlerhafte Kapitalmarktinformation, Tätigkeitsverbote, ZGR 2004, 437, 476.

436 Ziffer 5.5.2 DCGK.

mit ihnen zu verbessern. Dennoch ist diese Vorschrift als problematisch anzusehen. Grundsätzlich kommt es nämlich nicht allein auf das Vorhandensein eines Interessenkonflikts an, sondern darauf, wie das betroffene Aufsichtsratsmitglied damit umgeht. Es sind sehr viele Konstellationen denkbar, die einen Interessenkonflikt begründen können.[437] Da jeder noch so kleine Interessenkonflikt dem Aufsichtsrat anzuzeigen ist und dieser den Interessenkonflikt in der Hauptversammlung publik machen soll, läuft ein Aufsichtsratsmitglied jederzeit Gefahr, wegen kleinerer Interessenkonflikte in der Hauptversammlung am Pranger zu stehen.[438] Dies schränkt die Bereitschaft zur Offenlegung und damit die Effektivität des *Shaming* erheblich ein. Zu Recht wird deshalb vorgeschlagen, den Kodex dahin gehend zu ändern, dass kleinere Interessenkonflikte und der Umgang mit ihnen zunächst im Aufsichtsratsgremium diskutiert werden sollten und nur schwerere, im Gremium nicht lösbare Konflikte der Hauptversammlung angezeigt werden sollten. Damit würde auch verhindert, dass Aufsichtsratsmitglieder ob der Aussicht, sich in der Hauptversammlung erklären zu müssen, bestehende Interessenkonflikte gänzlich verschweigen.[439]

7. Zwischenfazit

Während die meisten Unternehmen eine überwältigend hohe Übereinstimmung mit dem Kodex erklären, findet eine tatsächliche Umsetzung des Erklärten kaum statt. In Zusammenhang mit der ausbleibenden Kapitalmarktreaktion auf die Entsprechenserklärungen muss die Regelungstechnik des freiwilligen Kodex als nicht zielführend erachtet werden, um einen ausreichenden Anlegerschutz in Bezug auf kritische Praktiken wie den Wechsel vom Vorstand an die Spitze des Aufsichtsrats zu gewährleisten.[440] Der unterstellte Sanktionsmechanismus Kapitalmarkt erweist sich nicht als effizient genug, um entscheidende Probleme der Corporate Governance zu lösen. Das mag auch damit zusammenhängen, dass der *exit*-orientierte Corporate Governance-Mechanismus dem eher auf Artikulierung und Einflussnahme (*voice*) geprägten deutschen System systemfremd ist.[441]

Da die Maßnahme des *Shaming* auf einer freiwilligen Selbst-Offenlegung der Betroffenen basiert, sollte die Weitergabe vom Aufsichtsrat an die Hauptversammlung auf im Aufsichtsrat nicht zu lösende Fälle beschränkt werden.

437 Vgl. nur die Aufzählung von Fallgruppen in Anhang II der Kommissions-Empfehlung.

438 A. A. Lutter, Der Bericht des Aufsichtsrats an die Hauptversammlung, AG 2008, 1, 9, der davon ausgeht, dass im Bericht an die Hauptversammlung nur das Auftreten des Konflikts an sich, nicht aber die betroffenen Personen benannt werden müssen. Indes ist schwerlich denkbar, wie ein Interessenkonflikt zutreffend dargestellt werden soll, ohne zumindest Hinweise auf die betroffene Person zu geben. Vermittelnd Mense, Interessenkonflikte bei Mehrfachmandaten im Aufsichtsrat der AG, 2008, S. 207, der für eine namentliche Nennung plädiert, falls der Interessenkonflikt länger andauert.

439 Peltzer, in: FS Priester, 2007, S. 573, 588.

440 So auch Rode, BB 2006, 341, 343. Auch bei der Diskussion um die individualisierte Offenlegung der Vorstandsgehälter stand am Ende letztlich ebenfalls eine gesetzliche Lösung.

441 So auch Gerum, Das deutsche Corporate Governance-System – Eine empirische Untersuchung, 2007, S. 400.

III. Aufsichtsrechtliche Lösung

In Deutschland werden Verstöße gegen gesellschaftsrechtliche Pflichten bisher nicht aufsichtsrechtlich überwacht.[442] Bestimmte Interessenwahrungsverhältnisse, die auch für die Allgemeinheit besonders wichtig sind, werden hingegen oft öffentlichrechtlich ausgeformt, so für Kreditinstitute und Wertpapierdienstleistungsunternehmen nach KWG und WpHG, für Wirtschaftsprüfer in der WPO oder für Rechtsanwälte in der BRAO.[443] Fraglich ist, ob nicht die Besetzung von Aufsichtsratsmandaten in Publikumsgesellschaften einen vergleichbaren Stellenwert für das allgemeine Interesse hat. In angloamerikanischen Ländern ist die Unabhängigkeit von *non-executive directors* oft eingehend geregelt;[444] die Tätigkeit von Organmitgliedern wird z. T. aufsichtsrechtlich überwacht. Da die aktienrechtlichen Mechanismen bislang kaum sanktionierend auf die Praxis von Unternehmen einwirken und das System freiwilliger Selbstregulierung über den Kapitalmarkt in Deutschland versagt, verbleibt eine Schutzlücke, die über eine aufsichtsrechtliche Lösung de lege ferenda geschlossen werden könnte.

1. Zuverlässigkeitsprüfung in Großbritannien

In Großbritannien kann das *Department of Trade and Industry* (DTI) die Zuverlässigkeit von Geschäftsführern kontrollieren und bei Verdachtsmomenten ein Verfahren einleiten. Als Sanktion kann ein Tätigkeitsverbot zwischen zwei und fünfzehn Jahren ausgesprochen werden. Dabei werden Sanktionen sowohl aufgrund von Verstößen, als auch aufgrund von schlichter Ungeeignetheit von *directors* ausgesprochen. Sec. 6 des *Companies Directors Disqualification Act 1986* (CDDA) sieht ein zwingendes Tätigkeitsverbot für Geschäftsführer insolventer Gesellschaften vor, sofern sie sich durch ihr Verhalten als ungeeignet zur Unternehmensführung erwiesen haben; Sec. 8 CDDA ergänzt dies um den Fall einer Ungeeignetheit, die anlässlich einer staatlichen Sonderprüfung ans Licht kommt.[445] Für den Zeitraum von 2001 bis 2002 wurden nach offizieller Statistik 1.929 Disqualifizierungen ausgesprochen, die zumeist auf das Verdikt der Ungeeignetheit zur Unternehmensführung gestützt wurden.[446] Zur Beurteilung der Ungeeignetheit enthält der Anhang des CDDA einen weiten Kranz unterschiedlicher Kriterien, wie etwa die Verletzung fiduziarischer Pflichten.[447]

442 Möllers, ZIP 2006, 1615, 1620 f. In Bezug auf die Tätigkeit im Vorstand schreibt § 76 Abs. 3 AktG lediglich einen Negativkatalog an Eigenschaften vor, die gegen eine Tätigkeit im Vorstand sprechen.

443 Hopt, ZGR 2004, 1, 7.

444 S. dazu unter B. III.

445 Fleischer, Bestellungshindernisse und Tätigkeitsverbote von Geschäftsleitern im Aktien-, Bank- und Kapitalmarktrecht, WM 2004, 157, 160.

446 Griffin, Accelerating Disqualification under Section 10 of The Company Directors Disqualification Act 1986, Insolvency Lawyer 2002, 32, 33.

447 Vgl. Schedules Part 1 CDDA, abrufbar unter www.statutelaw.gov.uk/content.aspx?LegType=All+Primary&PageNumber=40&NavFrom=2&parentActiveTextDocId=2240301&ActiveTextDocId=2240301&filesize=198723.

Über die Ungeeignetheit entscheidet – außer im Fall der Insolvenz, wo ein Tätigkeitsverbot zwingend vorgeschrieben ist – ein Gericht. Die *Insolvency Agency* des DTI tritt hierbei als Antragstellerin auf. Tätigkeitsverbote werden in ein öffentlich zugängliches Register eingetragen. Verstöße sind zum einen strafbewehrt und lösen außerdem eine persönliche Haftung des Geschäftsleiters für alle während der Zeit des Verstoßes begründeten Gesellschaftsverbindlichkeiten aus.[448]

2. Tätigkeitsverbote in den USA

Im Rahmen des *Sarbanes-Oxley-Act* von 2002 kann die *Securities and Exchange Commission* (SEC) nun bei Verletzungen der Sec. 10b des *Securities Exchange Act*, die manipulative Handlungen zum Schutz von Investoren untersagt, ein Tätigkeitsverbot für Board-Mitglieder aussprechen, wenn sie diese nicht für kompetent erachtet.[449] Dies war zuvor den Gerichten vorbehalten.[450] Der Gesetzgeber räumt der SEC sowohl bei der Bestimmung der Frage der Kompetenz als auch hinsichtlich der Festlegung der Zeitspanne für das Tätigkeitsverbot einen weiten Spielraum ein.[451] Durch den *Sarbanes-Oxley-Act* wurde das bisherige Erfordernis einer erheblichen Ungeeignetheit auf das Vorliegen bloßer Ungeeignetheit reduziert.[452] Zur Beurteilung der Ungeeignetheit werden Kriterien wie die Schwere des zugrundeliegenden Gesetzesverstoßes, vorherige Verletzung kapitalmarktrechtlicher Vorschriften oder fiduziarischer Geschäftsleiterpflichten sowie die Wahrscheinlichkeit eines erneuten Verstoßes herangezogen.[453] Die Überwachung der Geeignetheit von Organmitgliedern knüpft damit, anders als in Großbritannien, an kapitalmarktrechtliche Verstöße an.

3. Aufsichtsrechtliche Ansätze in Deutschland

Im Vergleich mit den *enforcement*-Regeln in den USA und Großbritannien ist das deutsche Comply-or-Explain-Prinzip eher lax ausgefallen. So unterliegt die Kodex-Einhaltung nicht den Börsenzulassungsregeln und ist nicht Gegenstand der Kontrolle durch die Bundesanstalt für Finanzdienstleistungsaufsicht (BaFin).[454] Die BaFin bzw. die Deutsche Prüfstelle für Rechnungslegung prüft lediglich, ob die Unternehmen erklärt haben, inwieweit sie dem Corporate Governance Kodex entsprochen und ob sie den Aktionären diese Entsprechenserklärung zugänglich gemacht haben.[455]

448 Fleischer, WM 2004, 157, 161.
449 Sec. 1105 Sarbanes-Oxley-Act.
450 Schwarz/Holland, ZIP 2002, 1661, 1667.
451 Lanfermann/Maul, Auswirkungen des Sarbanes-Oxley Acts in Deutschland, DB 2002, 1725, 1730.
452 Schwarz/Holland, ZIP 2002, 1661, 1667.
453 Fleischer, WM 2004, 157, 162 f.
454 Nowak/Rott/Mahr, ZGR 2005, 252, 258. Für eine Ausweitung der Kompetenzen der BaFin Schiessl, AG 2002, 593, 604.
455 Sanio, in: Cromme (Hrsg.), Corporate Governance Report 2007, 2007, S. 7, 9 f.

Beispiele für eine strengere aufsichtsrechtliche Lösung in Deutschland finden sich aber in den §§ 31, 32 WpHG. Sie enthalten Berufsverhaltenspflichten und versuchen, zum Schutz der Anleger und der Funktionsfähigkeit des Kapitalmarkts Interessenkonflikte aufsichtsrechtlich zu bewältigen.[456] § 32 WpHG verbietet bestimmte eigennützige Verhaltensweisen schlechthin, während § 31 Abs. 1 Nr. 2 WpHG den Banken auferlegt, sich um die Vermeidung von Interessenkonflikten zu bemühen und dafür zu sorgen, dass bei unvermeidbaren Interessenkonflikten der Auftrag im Interesse des Kunden ausgeführt wird.[457]

Auch für Wirtschaftsprüfer statuiert § 43 WPO die Unabhängigkeit bei der Berufsausübung. Nach § 49 2. Alternative WPO hat der Wirtschaftsprüfer seine Tätigkeit zu versagen, wenn „die Besorgnis der Befangenheit bei der Durchführung eines Auftrags besteht". Bei Banken verlangt das Kreditwesengesetz für Vorstandsmitglieder die Geschäftsleitereignung, d. h. eine besondere fachliche Eignung und Zuverlässigkeit.[458] Ähnliches bestimmt das Versicherungsaufsichtsgesetz für die Geschäftsleiter von Versicherungsunternehmen.[459] In §§ 32 ff. KWG findet sich die Möglichkeit der Versagung oder Aufhebung der Erlaubnis, Bankgeschäfte zu betreiben oder Finanzdienstleistungen zu erbringen. Im Bereich der Gewerbeordnung sieht § 35 GewO die Untersagung eines Gewerbes vor, wenn Tatsachen vorliegen, die auf eine Unzuverlässigkeit des Gewerbetreibenden schließen lassen und der Schutz der Allgemeinheit eine Untersagung erfordert.

4. Aufsichtsrechtliche Lösung de lege ferenda

Die *High Level Group of Company Law Experts* hat bereits 2002 angeregt, die EU-weite Einführung eines Verbots der Tätigkeit als Organmitglied (*director*) als Sanktion für irreführende Erklärungen über finanzielle und zentrale nichtfinanzielle Fakten oder allgemeiner für gravierende Verfehlungen von Direktoren zu prüfen.[460] Diese Anregung könnte in Deutschland kapitalmarktrechtlich umgesetzt werden und der BaFin umfassende Kompetenzen zuweisen. Die Zuständigkeit der BaFin ist bislang nur gegeben, soweit gesellschaftsrechtliche Verstöße zugleich auch Verstöße gegen das Kapitalmarktrecht darstellen. Für organschaftliche Tätigkeitsverbote bieten börslich organisierte Märkte und deren institutionelle Rahmenbedingungen jedoch gute Voraussetzungen, weil dort bereits eine sachkundige Verwaltungsbehörde zur

456 Für § 31 Abs. 4, 5 WpHG wird in der Literatur auch eine Ausstrahlungswirkung auf individualvertragliche Nebenpflichten angenommen, sodass von einer zivilrechtlich-aufsichtsrechtlichen Doppelnatur auszugehen ist, vgl. Weichert/Wenninger, Die Neuregelung der Erkundigungs- und Aufklärungspflichten von Wertpapierdienstleistungsunternehmen gem. Art. 19 RiL 2004/39/EG (MiFID) und Finanzmarkt-Richtlinie-Umsetzungsgesetz, WM 2007, 627, 635.

457 Hopt, ZGR 2004, 1, 39 f.

458 §§ 32 ff. KWG.

459 § 7a Abs. 1 VAG.

460 High Level Group of Company Law Experts, A Modern Regulatory Framework for Company Law in Europe, 2002, Chapter 3, abrufbar unter http://ec.europa.eu/internal_market/company/docs/modern/consult_en.pdf.

Verbotsdurchsetzung und ein informationsdichtes Umfeld für eine verlässliche Verbotsüberwachung zur Verfügung stehen.[461]

a) Bisheriger Kompetenzbereich der BaFin

Die Bundesanstalt für Finanzdienstleistungsaufsicht beaufsichtigt Kreditinstitute und Finanzdienstleistungsinstitute nach § 1 Abs. 1 KWG und entscheidet, wer überhaupt gewerbsmäßig Finanzdienstleistungsgeschäfte betreiben darf.[462] Nach § 4 WpHG hat die BaFin auch die Aufgabe, den Handel mit Wertpapieren zu überwachen. Die Wertpapieraufsicht erfasst auch Unternehmen außerhalb des Bereichs der Kredit- und Finanzinstitute, besonders bei der Überwachung der Ad-hoc-Publizität sämtlicher börsennotierter Unternehmen und bei der Insiderüberwachung der Börsenteilnehmer und sonstiger Personen.[463]

Für Kreditinstitute kann die BaFin nach § 36 Abs. 1 KWG die Abberufung von Geschäftsleitern verlangen oder diesen die Ausübung ihrer Tätigkeit untersagen, wenn bestimmte Gründe nach § 35 Abs. 2 Nr. 3, 4 und 6 KWG vorliegen, insbesondere, wenn ein Geschäftsleiter nach § 33 Abs. 1 Nr. 2 KWG nicht zuverlässig ist. Dabei reicht nach § 36 Abs. 2 KWG bereits ein leichtfertiges Fehlverhalten als Verschuldensmaßstab aus. Allerdings setzen Maßnahmen nach § 36 Abs. 2 KWG eine vorherige Verwarnung durch die BaFin voraus. Das Abberufungsverlangen greift im Gegensatz zum Tätigkeitsverbot nicht unmittelbar in die Rechtsstellung des betroffenen Geschäftsleiters ein, sondern enthält nur die Aufforderung an das Kreditinstitut, ihm die Organfunktion zu entziehen, also z. B. die Bestellung zum Vorstandsmitglied zu widerrufen.[464] Im Jahr 2007 schrieb die BaFin insgesamt 72 Institute wegen gravierender Beanstandungen an; bei 13 Instituten verwarnte sie den Geschäftsleiter oder verlangte gar dessen Abberufung.[465]

b) Mögliche Ausweitung des Kompetenzbereichs

Die bankenaufsichtsrechtlichen Regelungen geben wichtige Impulse für die mögliche Ausgestaltung einer Organüberwachung für börsennotierte Gesellschaften. Die behördlichen Zuständigkeiten und die Ausgestaltung des Rechtsschutzes könnten sich weithin an den Vorgaben der §§ 36, 49 KWG orientieren. Die offene Tatbestandsformulierung der Unzuverlässigkeit gäbe der BaFin die Möglichkeit, flexibel auf mögliche Gefahren für die beaufsichtigten Gesellschaften zu reagieren. Zur Präzisie-

461 Fleischer, ZGR 2004, 437, 473.
462 Fischer, in: Schimansky/Bunte/Lwowski (Hrsg.), Bankrechts-Handbuch, 3. Aufl. 2007, § 125 Rn. 1.
463 Fischer, in: Schimansky/Bunte/Lwowski (Hrsg.), Bankrechts-Handbuch, 3. Aufl. 2007, § 125 Rn. 5.
464 Fleischer, WM 2004, 157, 159.
465 Jahresbericht der BaFin 2007, S. 134, abrufbar unter http://www.bafin.de/cln_109/nn_992916/SharedDocs/Downloads/DE/Service/Jahresberichte/2007/jb__2007__kapitel-V,templateId=raw,property=publicationFile.pdf/jb_2007_kapitel-V.pdf

rung des Tatbestands können Fallgruppen herangezogen werden, die de lege lata für eine mangelnde Zuverlässigkeit nach dem KWG herausgebildet wurden. Hierzu zählen etwa Vermögensdelikte wie Untreue oder Betrug, Steuerhinterziehungen, aber auch Buchungsmanipulationen. Insbesondere kann auch früheres Verhalten einen Zweifel an der Qualifikation begründen.[466] Für Aufsichtsratsmitglieder könnte somit die frühere Tätigkeit als Vorstand ein die Unzuverlässigkeit begründendes Indiz sein. Kommen zusätzliche belastende Indizien wie z. B. Bilanzmanipulationen während der Zeit im Vorstand oder das Verschweigen von Verfehlungen der eigenen Amtszeit gegenüber dem Aufsichtsrat hinzu, könnte die BaFin ein Tätigkeitsverbot als Aufsichtsratsmitglied aussprechen. Als Ansatzpunkte kommen auch Verstöße gegen Anleger schützende Vorschriften wie z. B. etwa § 400 Abs. 2 AktG in Betracht, der neben Vorstandsmitgliedern auch für Aufsichtsratsmitglieder greift, die gegenüber einem Prüfer der Gesellschaft unrichtige Angaben machen. Bei der Entscheidungsfindung könnten die Schwere des Verstoßes und weitere ermessensleitende Gesichtspunkte einfließen.[467]

5. Rechtspolitische Überlegungen zur staatlichen Überwachung

Während die Verbotsüberwachung angesichts der Öffentlichkeit des Kapitalmarkts leicht durchzusetzen wäre, entstünden dennoch enorme Kosten für die Verfahrenseinleitung und Sachverhaltsaufklärung[468] durch die BaFin. Zudem stellt eine staatliche Überwachung einen Eingriff in das Handeln privater Gesellschaften dar.

Dennoch ist die Ausweitung der Kompetenzen der BaFin ein effektives Mittel, um Aktiengesellschaften und Aktionäre vor den negativen Folgen einer unverantwortlichen Geschäftsführung zu schützen und eine Selbstkontrolle durch direkten Wechsel vom Vorstand an die Spitze des Aufsichtsrats zu verhindern.

Die zivilrechtliche Binnenhaftung von Organmitgliedern kämpft mit erheblichen Durchsetzungsschwierigkeiten und wirkt erst nach Eintritt eines Schadens. Ein Tätigkeitsverbot hingegen wirkt präventiv und verhindert so bereits im Vorfeld den Eintritt eines Schadens, indem sie ungeeignete Organmitglieder vom Geschäftsverkehr fernhält. Tätigkeitsverbote entfalten auch eine höhere Abschreckungswirkung als zivilrechtliche Haftungsansprüche, die häufig von einer D&O-Versicherung[469] abgedeckt sind. Zudem ermöglichen behördliche Eingriffsermächtigungen eine raschere und zielgenauere Gefahrenabwehr als langwierige zivilrechtliche

466 Reischauer/Kleinhans (Hrsg.), KWG Kommentar, § 33 Ergänzungslieferung 4/05, Rn. 5c.
467 Fleischer, WM 2004, 157, 164.
468 Genauere Aufschlüsselung der Kosten bei Cheffins, Company Law: Theory, Structure and Operation, 1997, S. 552 f.
469 Eine D&O-Versicherung (Directors-and-Officers-Versicherung) ist eine Vermögensschadenhaftpflichtversicherung, die ein Unternehmen für seine Organe und leitenden Angestellten abschließt.

Auseinandersetzungen,[470] weil der Staat über wichtige Eingriffs- und Sanktionsmechanismen verfügt.[471] Eine staatliche Regelung schafft allgemeingültige Standards und verringert somit die Such- und Informationskosten für Anleger. Sie stärkt das Vertrauen von Anlegern und steigert damit die Attraktivität des Finanzplatzes Deutschland. Sie schützt zudem das Interesse weiterer *stakeholder* wie z. B. Gläubiger der Gesellschaft, Arbeitnehmer und Fiskus an einer korrekten Überwachung der Geschäftsführung.

6. Durchsetzung durch die Börse

Die Börse ist aufgrund von § 42 BörsG bzw. §§ 50, 54 Abs. 1 Satz 2 BörsG ermächtigt, über die im Börsengesetz vorgesehenen Pflichten hinausgehend weitere Unterrichtungspflichten vorzusehen. Denkbar wäre es, dass die Börse über die genannte Regelungsermächtigung vorschreibt, den Empfehlungen des DCGK ohne Einschränkung zu folgen. Damit würde dem Kodex jedoch die beabsichtigte Flexibilität genommen. Zudem gehen die Empfehlungen des Kodex weit über reine Unterrichtungspflichten hinaus, sodass die Börse hierfür keine Kompetenz besitzen dürfte.[472] Die Börse könnte die Befolgung des Kodex zwar in ihren *Going Public* Grundsätzen vorsehen; diese sind jedoch ebenso wenig verbindlich wie die Empfehlungen des Kodex.[473]

IV. Fazit

Die zivilrechtliche Haftung ist bislang nicht geeignet, Aktionäre vor den Risiken eines Wechsels vom Vorstand in den Aufsichtsrat adäquat zu schützen oder die Einhaltung des Kodex durchzusetzen. Die Anfechtungsklage stellt in Bezug auf Wahlen zum Aufsichtsrat ein weit besseres Instrument dar; allerdings nur, wenn die Gesellschaft die Befolgung einer Kodex-Empfehlung auch erklärt hat. De lege ferenda ist die Festlegung der Einzelwahl zum Aufsichtsrat sowie eine Begründungspflicht für Kandidatenvorschläge zum Aufsichtsrat zu fordern.

Bezüglich der erwarteten Selbstregulierung über das freie Spiel der Marktkräfte am Kapitalmarkt muss konstatiert werden, dass den Entsprechenserklärungen bislang keinerlei Kursrelevanz nachgewiesen werden konnte. Der Sanktionsmechanismus der freiwilligen Entsprechenserklärung hat damit versagt. In Großbritannien kann das *Department of Trade and Industry* ein gerichtliches Verfahren zur Feststellung der Ungeeignetheit von Geschäftsleitern einleiten. Als Ergebnis werden Tätigkeits-

470 Fleischer, ZGR 2004, 437, 472; Fleischer, WM 2004, 157, 163.

471 Möllers, in: Möllers (Hrsg.), Standardisierung durch Markt und Recht, 2008, S. 211, 224 f.

472 Fleischer, Das Vierte Finanzmarktförderungsgesetz, NJW 2002, 2977, 2979 f.

473 Schiller, Der Deutsche Corporate Governance Kodex, 2005, S. 94.

verbote für die betroffenen Geschäftsleiter ausgesprochen. Die US-amerikanische SEC kann als Behörde selbst Tätigkeitsverbote aussprechen. Eine aufsichtsrechtliche Überwachung findet in Deutschland bereits für Kreditinstitute und Wertpapierdienstleistungsunternehmen statt. De lege lata kann die BaFin bereits für Kreditinstitute die Abberufung von Geschäftsleitern wegen mangelnder Zuverlässigkeit verlangen. Die dort ausgeformten Fallgruppen könnten als Vorbild für eine de lege ferenda einzuführende Überwachung der Organe von börsennotierten Gesellschaften nach angelsächsischem Vorbild sein. Bei mangelnder Zuverlässigkeit könnte die Abberufung von Aufsichtsratsmitgliedern verlangt oder ein Tätigkeitsverbot verhängt werden. Aufgrund ihrer hohen Durchsetzbarkeit und präventiven Wirkung stellt die aufsichtsrechtliche Überwachung eine überzeugende Alternative zu zivilrechtlichen Haftungsansprüchen und freiwilligen Kodex-Empfehlungen dar.

Eine effektive Durchsetzung von Kodex-Empfehlungen durch die Börse ist hingegen nach geltender Rechtslage nicht erkennbar.

Wesentliche Ergebnisse und Zusammenfassung

Das deutsche dualistische System sieht im Gegensatz zum angelsächsischen Modell die Trennung von Unternehmensführung und Kontrolle durch die Trennung der beiden Organe Vorstand und Aufsichtsrat vor. Die auf Forderungen aus dem angelsächsischen Rechtskreis nach mehr Unabhängigkeit von Kontrolleuren basierende Empfehlung der Europäischen Kommission zu den Aufgaben von nicht geschäftsführenden Direktoren/Aufsichtsratsmitgliedern börsennotierter Gesellschaften sowie zu den Ausschüssen des Verwaltungs-/Aufsichtsrats wurde durch verschiedene Änderungen im Deutschen Corporate Governance Kodex, insbesondere in Ziffer 5.4.2 DCGK, in deutsches Recht umgesetzt. Danach sollen Aufsichtsräte über eine ausreichende Zahl unabhängiger Mitglieder verfügen und Interessenkonflikte offen gelegt werden. Damit öffnet sich das deutsche Kontrollsystem dem angelsächsischen Ansatz einer externen Kapitalmarktkontrolle.

Das spezielle Problem von ehemaligen Vorständen im Aufsichtsrat wurde durch die Einführung von Ziffer 5.4.4 DCGK behandelt, nach der der Wechsel vom Vorstand an die Spitze des Aufsichtsrats nicht die Regel sein soll. Ein Wechsel bleibt damit nach deutschem Recht ohne Konsequenzen möglich. Aus einem Wechsel ergeben sich jedoch zahlreiche Risiken, die die Überwachungstätigkeit des Aufsichtsrats erheblich einschränken können. Eine befriedigende Lösung dieser Risiken ist nach geltender Rechtslage nicht erkennbar. Deshalb ist de lege ferenda eine gesetzliche *Cooling-off*-Periode von zwei Jahren zu fordern. Zusätzlich sollte in den DCGK die Empfehlung aufgenommen werden, ehemalige Vorstände nicht mehr in den Aufsichtsrat zu berufen, sondern sich deren Expertise über Beraterverträge zu sichern.

Aktienrechtliche Mittel zur Rechtsdurchsetzung versagen bislang weitestgehend. Ob die durch das UMAG eingeführte erleichterte Klageerzwingung durch eine Aktionärsminderheit hier eine Verbesserung bedeutet, bleibt abzuwarten. Zu begrüßen ist jedenfalls die Kodex-Empfehlung, Aufsichtsratswahlen als Einzelwahl durchzuführen. Eine Überführung der Empfehlung ins Aktienrecht sowie die Pflicht zur Begründung von Kandidatenvorschlägen zum Aufsichtsrat werden vom Verfasser der Arbeit befürwortet.

Grundsätzlich wird die Akzeptanz der Kodex-Empfehlungen weit überbewertet. Unternehmen erklären die Übereinstimmung mit dem Kodex, ohne ihre Corporate Governance-Praktiken signifikant zu ändern. Darüber hinaus lässt sich für die Entsprechenserklärungen nach § 161 AktG bislang keine Kapitalmarktrelevanz nachweisen. Der Kodex trägt somit zwar zu einer besseren Diskussionskultur über gute Corporate Governance bei, versagt allerdings als Instrument zu ihrer effektiven Durchsetzung. Eine aufsichtsrechtliche Überwachung der Zuverlässigkeit von Aufsichtsratsmitgliedern durch Ausweitung der Kompetenzen der BaFin stellt aufgrund ihrer hohen Durchsetzbarkeit und präventiven Wirkung eine überzeugende Methode zur Eindämmung der Risiken von Ex-Vorständen im Aufsichtsrat dar.

Abkürzungsverzeichnis

a. A.	anderer Ansicht
a. F.	alte Fassung
a. M.	am Main
ABl.	Amtsblatt der EG
Abs.	Absatz
AcP	Archiv für die civilistische Praxis (Zeitschrift)
ADHGB	Allgemeines Deutsches Handelsgesetzbuch
AG	Die Aktiengesellschaft (Zeitschrift), Aktiengesell-schaft
AktG	Aktiengesetz
Art.	Artikel
Aufl.	Auflage
BaFin	Bundesanstalt für Finanzdienstleistungsaufsicht
BayObLG	Bayerisches Oberstes Landesgericht
BB	Der Betriebs-Berater (Zeitschrift)
Bd.	Band
Beil.	Beilage
Beschl.	Beschluss
BFuP	Betriebswirtschaftliche Forschung und Praxis (Zeit-schrift)
BGB	Bürgerliches Gesetzbuch
BGBl.	Bundesgesetzblatt
BGH	Bundesgerichtshof
BGHZ	Entscheidungen des Bundesgerichtshofs in Zivilsachen
BörsG	Börsengesetz
BT-Drucks.	Bundestags Drucksache
BVerfGE	Entscheidungen des Bundesverfassungsgerichts
bzw.	beziehungsweise
CDDA	Companies Directors Disqualification Act
CEO	Chief Executive Officer
D&O-Versicherung	Directors & Officers Liability-Versicherung
d. h.	das heißt
DAX	Deutscher Aktienindex
DB	Der Betrieb (Zeitschrift)
DCGK	Deutscher Corporate Governance Kodex
ders.	derselbe
Diss.	Dissertation
DStrR	Deutsches Steuerrecht (Zeitschrift)
DTI	Department of Trade and Industry
DVFA	Deutsche Vereinigung für Finanzanalyse und Asset Management
EG	EG-Vertrag
EuGH	Europäischer Gerichtshof
f.	folgende
ff.	fortfolgende
FS	Festschrift
FTSE	Financial Times Stock Exchange
gem.	gemäß
GG	Grundgesetz
GmbHG	Gesetz über die Gesellschaft mit beschränkter Haf-tung
h. M.	herrschende Meinung
HGB	Handelsgesetzbuch
Hrsg.	Herausgeber
JuS	Juristische Schulung (Zeitschrift)
JZ	Juristenzeitung
KonTraG	Gesetz zur Kontrolle und Transparenz im Unter-nehmensbereich
KWG	Kreditwesengesetz

LG	Landgericht
m. E.	meines Erachtens
m. w. N.	mit weiteren Nachweisen
MiFid	Richtlinie über Märkte für Finanzinstrumente
MontanMitbestG	Montanmitbestimmungsgesetz
MünchKomm	Münchener Kommentar
NJW	Neue Juristische Wochenschrift (Zeitschrift)
Nr.	Nummer
NYSE	New York Stock Exchange
NZG	Neue Zeitschrift für Gesellschaftsrecht
o. S.	ohne Seitenzahl
OLG	Oberlandesgericht
PR	Public Relations
RegE	Regierungsentwurf
RGBl.	Reichsgesetzblatt
RL	Richtlinie
Rn.	Randnummer
Rs.	Rechtssache
s. a.	siehe auch
S.	Seite, Siehe
s.	siehe
SEC	Securities and Exchange Commission
Sec.	Section
Slg.	Amtliche Sammlung des EuGH
sog.	sogenannte(r, s)
TransPuG	Transparenz- und Publizitätsgesetz
u. a.	unter anderem
UMAG	Gesetz zur Unternehmensintegrität und Modernisierung des Anfechtungsrechts
Urt.	Urteil
USA	United States of America
v.	vom
VAG	Versicherungsaufsichtsgesetz
vgl.	vergleiche
Vorbem.	Vorbemerkung
WiSt	Wirtschaftswissenschaftliches Studium (Zeitschrift)
WM	Wertpapier-Mitteilungen (Zeitschrift)
WpHG	Wertpapierhandelsgesetz
z. B.	zum Beispiel
z. T.	zum Teil
ZfB	Zeitschrift für Betriebswirtschaft
ZGR	Zeitschrift für Unternehmens- und Gesellschafts-recht
ZHR	Zeitschrift für das gesamte Handels- und Wirt-schaftsrecht
ZIP	Zeitschrift für Wirtschaftsrecht
ZR	Zivilsenat

Literaturverzeichnis

Altmeppen, Holger, Der Prüfungsausschuss – Arbeitsteilung im Aufsichtsrat, ZGR 2004, 390 – 431.

Bachmann, Gregor, Der „Deutsche Corporate Governance Kodex": Rechtswirkungen und Haftungsrisiken, WM 2002, 2137 - 2143.

Baumbach, Adolf/Hueck, Alfred (Hrsg.), GmbH-Gesetz, Gesetz betreffend die Gesellschaften mit beschränkter Haftung, 18. Aufl. München 2006. (zitiert: Baumbach/Hueck, GmbH-Gesetz, 18. Aufl. 2006)

Baums, Theodor (Hrsg.), Bericht der Regierungskommission Corporate Governance: Unternehmensführung, Unternehmenskontrolle, Modernisierung des Aktienrechts, Köln 2001. (zitiert: Baums, Bericht der Regierungskommission Corporate Governance, 2001)

derselbe, Der Aufsichtsrat – Aufgaben und Reformfragen, ZIP 1995, 11 – 18.

Beisse, Heinrich (Hrsg.), Festschrift für Karl Beusch zum 68. Geburtstag am 31. Oktober 1993, Berlin 1993. (zitiert: FS Beusch, 1993)

Bender, Christian/Vater, Hendrik, Lückenhaft und unverbindlich – Der Deutsche Corporate Governance Kodex lässt auch nach der Überarbeitung wichtige Kernprobleme der Unternehmensüberwachung ungelöst, DStR 2003, 1807 – 1812.

Berg, Stefan/Stöcker, Mathias, Anwendungs- und Haftungsfragen zum Deutschen Corporate Governance Kodex, WM 2002, 1569 – 1582.

Berger, Klaus-Peter (Hrsg.), Festschrift für Otto Sandrock zum 70. Geburtstag, Heidelberg 2000. (zitiert: FS Sandrock, 2000)

Berger, Konrad, Die Kosten der Aufsichtsratstätigkeit in der Aktiengesellschaft, Frankfurt am Main 2000.

Berrar, Carsten, Zur Reform des AR nach den Vorschlägen der Regierungskommission „Corporate Governance", NZG 2001, 1113 – 1122.

Bertrams, Helge, Die Haftung des Aufsichtsrats im Zusammenhang mit dem Deutschen Corporate Governance Kodex und § 161 AktG, Berlin 2004.

Bierich, Marcus (Hrsg.), Festschrift für Johannes Semler zum 70. Geburtstag am 28. April 1993 – Unternehmen und Unternehmensführung im Recht, Berlin 1993. (zitiert: FS Semler, 1993)

Cheffins, Brian R., Company Law: Theory, Structure and Operation, Oxford 1997.

Claussen, Carsten P./Bröcker, Norbert, Corporate-Governance-Grundsätze in Deutschland – nützliche Orientierungshilfe oder regulatorisches Übermaß?, AG 2000, 481 – 491.

dieselben, Der Corporate Governance-Kodex aus der Perspektive der keinen und mittleren Börsen-AG, DB 2002, 1199 – 1206.

Clemm, Hermann, Reform des Aufsichtsrats? Bemerkungen und Wünsche aus Wirtschaftsprüfer-Sicht, BFuP 1996, 269 – 284.

Corporate Accountability and Listing Standards Committee, Recommendations to the NYSE Board of Directors, New York 2002.

Cromme, Gerhard (Hrsg.), Corporate Governance Report 2007 – Vorträge und Diskussionen der 6. Konferenz Deutscher Corporate Governance Kodex, Stuttgart 2007. (zitiert: Cromme, Corporate Governance Report 2007, 2007)

Damm, Reinhard (Hrsg.), Festschrift für Thomas Raiser zum 70. Geburtstag am 20. Februar 2005, Berlin 2005.

Deutscher Juristentag 1955, Bericht der Studienkommission des Deutschen Juristentages, Untersuchungen zur Reform des Unternehmensrechts, Teil I, Tübingen 1955. (zitiert: Deutscher Juristentag 1955)

Dreher, Meinrad, Interessenkonflikte bei Aufsichtsratsmitgliedern von Aktiengesellschaften, JZ 1990, 896 – 904.

Drobetz, Wolfgang/Schillhofer, Andreas/Zimmermann, Heinz, Ein Corporate Governance Rating für deutsche Publikumsgesellschaften, ZfB 2004, 5 – 25.

Ebenroth, Carsten Thomas (Hrsg.), Verantwortung und Gestaltung: Festschrift für Karlheinz Boujong zum 65. Geburtstag, München 1996. (zitiert: FS Boujong, 1996)

Ettinger, Jochen/Grützediek, Elke, Haftungsrisiken im Zusammenhang mit der Abgabe der Corporate Governance Entsprechenserklärung gemäß § 161 AktG, AG 2003, 353 – 366.

Europäische Kommission, Bericht zur Umsetzung der Empfehlung der Kommission zu den Aufgaben der nicht-geschäftsführenden Direktoren/Aufsichtsratsmitglieder sowie zu den Ausschüssen des Verwaltungs-/Aufsichtsrats durch die Mitgliedstaaten, Brüssel 2007.

Feddersen, Dieter/Hommelhoff, Peter/Schneider, Uwe H., Corporate Governance – Optimierung der Unternehmensführung und der Unternehmenskontrolle im deutschen und amerikanischen Aktienrecht, Köln 1996. (zitiert: Feddersen/Hommelhoff/Schneider, Corporate Governance, 1996)

Fischer zu Cramburg, Ralf, Blick nach Brüssel, NZG 2007, 619.

Fischer, Roderich, Entsprechenserklärung und Entsprechensentscheidung 2005/2006 – Vorschläge zur Haftungsminimierung der erklärungspflichtigen Unternehmen, BB 2006, 337 – 341.

Fleischer, Holger, Bestellungshindernisse und Tätigkeitsverbote von Geschäftsleitern im Aktien-, Bank- und Kapitalmarktrecht, WM 2004, 158 – 166.

derselbe, Das Vierte Finanzmarktförderungsgesetz, NJW 2002, 2977 – 2983.

derselbe, Erweiterte Außenhaftung der Organmitglieder im Europäischen Gesellschafts- und Kapitalmarktrecht – Insolvenzverschleppung, fehlerhafte Kapitalmarktinformation, Tätigkeitsverbote, ZGR 2004, 437 – 479.

derselbe, Handbuch des Vorstandsrechts, München 2006.

derselbe, Organpublizität im Aktien-, Bilanz- und Kapitalmarktrecht, NZG 2006, 561 – 569.

derselbe, Zur organschaftlichen Treuepflicht der Geschäftsleiter im Aktien- und GmbH-Recht, WM 2003, 1045 – 1058.

Frühauf, Martin, Geschäftsleitung in der Unternehmenspraxis, ZGR 1998, 407 - 418.

Gaulke, Jürgen, Der Klub der Kontrolleure – Das Versagen der deutschen Aufsichtsräte, Hamburg 1997.

Gemünd, W./Knödgen, F., Wie kann unser Aktienwesen gesunden? Mängel im deutschen Aktienrecht und Vorschläge zu ihrer Beseitigung, Köln 1901. (zitiert: Gemünd/Knödgen, Wie kann unser Aktienwesen gesunden?, 1901)

Gerum, Elmar, Das deutsche Corporate Governance-System – Eine empirische Untersuchung, Stuttgart 2007.

Goette, Wulf/Habersack, Mathias (Hrsg.), Münchener Kommentar zum Aktiengesetz, 3. Aufl. München 2008.

Götz, Heinrich, Rechte und Pflichten des Aufsichtsrats nach dem Transparenz- und Publizitätsgesetz, NZG 2002, 599 – 604.

Griffin, Steve, Accelerating Disqualification under Section 10 of The Company Directors Disqualification Act 1986, Insolvency Lawyer 2002, 32 – 41.

Groeben, Hans von der/Schwarze, Jürgen (Hrsg.), Kommentar zum EU-Vertrag und zur Gründung der Europäischen Gemeinschaft, 6. Aufl. Baden-Baden 2004.

Habersack, Mathias, Die erfolgsabhängige Vergütung des Aufsichtsrats und ihre Grenzen – Zugleich Besprechung der Entscheidung BGH ZIP 2004, 613 (MobilCom), ZGR 2004, 721 – 734.

derselbe, Europäisches Gesellschaftsrecht, 3. Aufl. München 2006.

Hanfland, Philipp, Haftungsrisiken im Zusammenhang mit § 161 AktG und dem Deutschen Corporate Governance Kodex – Zugleich ein Beitrag zur Haftung für fehlerhafte Kapitalmarktinformation, Baden-Baden 2007. (zitiert: Hanfland, Haftungsrisiken im Zusammenhang mit § 161 AktG und dem Deutschen Corporate Governance Kodex, 2007)

Higgs, Derek, Review of the role and effectiveness of non-executive directors, London 2003.

High Level Group of Company Law Experts, A Modern Regulatory Framework for Company Law in Europe, Brüssel 2002.

Holl, Alexander, Die Reform des aktienrechtlichen Aufsichtsrats, Frankfurt am Main 2002.

Hommelhoff, Peter/Altmeppen, Holger (Hrsg.), Festschrift für Hans-Joachim Priester zum 70. Geburtstag, Köln 2007. (zitiert: FS Priester, 2007)

Hommelhoff, Peter/Hopt, Klaus J./Werder, Axel von, Handbuch Corporate Governance – Leitung und Überwachung börsennotierter Unternehmen in der Rechts- und Wirtschaftspraxis, Stuttgart 2003. (zitiert: Hommelhoff/Hopt/v. Werder, Handbuch Corporate Governance, 2003)

Hommelhoff, Peter/Rowedder, Heinz/Ulmer, Peter, Max Hachenburg – Dritte Gedächtnisvorlesung 1998, Heidelberg 2000.

Hopt, Klaus J., Europäisches Gesellschaftsrecht und deutsche Unternehmensverfassung – Aktionsplan und Interdependenzen, ZIP 2005, 461 – 474.

derselbe., Interessenswahrung und Interessenskonflikte im Aktien-, Bank- und Berufsrecht – Zur Dogmatik des modernen Geschäftsbesorgungsrechts, ZGR 2004, 1 – 52.

Hopt, Klaus J./Wiedemann, Herbert, AktG Großkommentar, 4. Aufl. Berlin 2005.

Hüffer, Uwe, Aktiengesetz, 8. Aufl. München 2008.

derselbe, Die Unabhängigkeit von Aufsichtsratsmitgliedern nach Ziffer 5.4.2 DCGK, ZIP 2006, 637 – 644.

Kiethe, Kurt, Maßnahmenkatalog der Bundesregierung zur Aktienrechtsreform 2003 – „Verbesserung" des Klagerechts der Aktionäre?, ZIP 2003, 707 – 713.

Kirschbaum, Tom, Deutscher Corporate Governance Kodex überarbeitet, DB 2005, 1473 – 1477.

Kirschbaum, Tom/Wittmann, Martin, Selbstregulierung im Gesellschaftsrecht: Der Deutsche Corporate Governance Kodex, JuS 2005, 1062 – 1067.

Knapp, Christoph, Die Treuepflicht der Aufsichtsratsmitglieder von Aktiengesellschaften und Directors von Corporations – Ein vergleichender Beitrag zur Begründung und Konkretisierung der Treuepflicht von Verwaltungsmitgliedern im deutschen und US-amerikanischen

Aktienrecht, München 2004. (zitiert: Knapp, Die Treuepflicht der Aufsichtsratsmitglieder von Aktiengesellschaften und Directors von Corporations, 2004)

Kort, Michael, Corporate Governance-Fragen der Größe und Zusammensetzung des Aufsichtsrats bei AG, GmbH und SE, AG 2008, 137 – 149.

derselbe, Interessenkonflikte bei Organmitgliedern der AG, ZIP 2008, 717 – 725.

Kottke, Miriam, Harmonierung der internen Struktur von Aktiengesellschaften – die europäische Empfehlung zur Unabhängigkeit der Direktoren und zu den Ausschüssen, Diss. Augsburg 2008. (zitiert: Kottke, Harmonisierung der internen Struktur von Aktiengesellschaften, 2008)

Kropff, Bruno (Hrsg.), Aktiengesetz. Textausgabe des Aktiengesetzes vom 6.9.1965 (Bundesgesetzblatt I S. 1089) und des Einführungsgesetzes zum Aktiengesetz vom 6.9.1965 (Bundesgesetzblatt I S. 1185) mit Begründung des Regierungsentwurfs und Bericht des Rechtsausschusses des Deutschen Bundestags, zusammengestellt von Bruno Kropff, Düsseldorf 1965. (zitiert: Kropff (Hrsg.), Aktiengesetz, 1965)

La Porta, Rafael/ Lopez-de-Silanes, Florencio/Shleifer, Andrei/Vishny, Robert, Investor protection and corporate governance, Journal of Financial Economics 2000, 3 – 27.

Lanfermann, Georg/Maul, Silja, Auswirkungen des Sarbanes-Oxley Acts in Deutschland, DB 2002, 1725 – 1732.

Lange, Oliver, Der Wechsel aus dem Vorstand in den Aufsichtsrat, NZG 2004, 265 – 270.

Langenbucher, Katja, Wettbewerbsverbote, Unabhängigkeit und die Stellung des Aufsichtsratsmitglieds, ZGR 2007, 571 – 601.

Leyens, Patrick C., Information des Aufsichtsrats, Tübingen 2006.

Lieder, Jan, Das unabhängige Aufsichtsratsmitglied, NZG 2005, 569 – 608.

Loeb, Ernst, Das Institut des Aufsichtsrats, seine Stellung und Bedeutung im deutschen Aktienrecht und der deutschen Volkswirtschaft, die Notwendigkeit und Möglichkeit seiner Reform, in: Conrads Jahrbücher für Nationalökonomie und Statistik, Jena 1902, S. 1-28. (zitiert: Loeb, Das Institut des Aufsichtsrats, 1902)

Lutter, Marcus, Bankenvertreter im Aufsichtsrat, ZHR 145 (1981), 224 – 251.

derselbe, Defizite für eine effiziente Aufsichtsratstätigkeit und gesetzliche Möglichkeiten der Verbesserung, ZHR 159 (1995), 287 – 309.

derselbe, Der Bericht des Aufsichtsrats an die Hauptversammlung, AG 2008, 1 – 11.

derselbe, Die Erklärung zum Corporate Governance Kodex gemäß § 161 AktG – Pflichtverstöße und Binnenhaftung von Vorstands- und Aufsichtsratsmitgliedern, ZHR 166 (2002), 523 – 543.

Lutter, Marcus/Kirschbaum, Tom, Zum Wettbewerber im Aufsichtsrat, ZIP 2005, 103 – 105.

Lutter, Marcus/Krieger, Gerd, Rechte und Pflichten des Aufsichtsrats, 5. Aufl. Köln 2008.

Marsch-Barner, Reinhard/Schäfer, Frank A. (Hrsg.), Handbuch börsennotierte AG, Köln 2005.

Matthießen, Volker, Stimmrecht und Interessenkollision im Aufsichtsrat, Köln 1989.

Maul, Silja, Gesellschaftsrechtliche Entwicklungen in Europa – Bruch mit deutschen Traditionen?, BB 2005, Beil. 9, 2 – 17.

Maul, Silja/Lanfermann, Georg, Europäische Corporate Governance – Stand der Entwicklungen, BB 2004, 1861 – 1868.

Meinhövel, Harald, Grundlagen der Principal-Agent-Theorie, WiSt 2004, 470 – 475.

Mense, Christian, Interessenkonflikte bei Mehrfachmandaten im Aufsichtsrat der AG, Baden-Baden 2008.

Merkt, Hanno, Zum Verhältnis von Kapitalmarktrecht und Gesellschaftsrecht in der Diskussion um die Corporate Governance, AG 2003, 126 – 136.

Möllers, Thomas M. J. (Hrsg.), Standardisierung durch Markt und Recht, Baden-Baden 2008.

derselbe, Interessenkonflikte von Vertretern des Bieters bei Übernahme eines Aufsichtsratsmandats der Zielgesellschaft, ZIP 2006, 1615 – 1622.

derselbe, Professionalisierung des Aufsichtsrats – Zu einer differenzierten Verantwortung der einzelnen Aufsichtsratsmitglieder, ZIP 1995, 1725 – 1735.

Möllers, Thomas M. J./Leisch, Franz Clemens, Haftung von Vorständen gegenüber Anlegern wegen fehlerhafter Ad-hoc-Meldungen nach § 826 BGB, WM 2001, 1648, 1662.

Müller, Hans-Friedrich, Aufsichtsratsmandat und anwaltliche Tätigkeit, NZG 2002, 797 – 802.

Nagel, Bernhard, Unabhängigkeit der Kontrolle im Aufsichtsrat und Verwaltungsrat: Der Konflikt zwischen der deutschen und der angelsächsischen Konzeption, NZG 2007, 166 – 169.

Nicklisch, Annette Christina, Die Auswirkungen des Sarbanes-Oxley Act auf die deutsche Corporate Governance, Berlin 2007.

Nowak, Eric/Rott, Roland/Mahr, Till G., Wer den Kodex nicht einhält, den bestraft der Kapitalmarkt? – Eine empirische Analyse der Selbstregulierung und Kapitalmarktrelevanz des Deutschen Corporate Governance Kodex, ZGR 2005, 252 – 279.

Peltzer, Martin, Corporate Governance Codices als zusätzliche Pflichtenbestimmung für den Aufsichtsrat, NZG 2002, 10 – 16.

derselbe, Deutsche Corporate Governance – Ein Leitfaden, 2. Aufl. München 2004.

derselbe, Handlungsbedarf in Sachen Corporate Governance, NZG 2002, 593 – 599.

derselbe, Keine Aktienoptionen mehr für Aufsichtsratsmitglieder, NZG 2004, 509 – 512.

Pfeiffer, Gerd (Hrsg.), Festschrift für Heinz Rowedder zum 75. Geburtstag, München 1994. (zitiert: FS Rowedder, 1994)

Pfitzer, Norbert/Oser, Peter/Orth, Christian (Hrsg.), Deutscher Corporate Governance Kodex – Ein Handbuch für Entscheidungsträger, 2. Aufl. Stuttgart 2005. (zitiert: Pfitzer/Oser/Orth, Deutscher Corporate Governance Kodex, 2. Aufl. 2005)

Potthoff, Erich, Board-System versus duales System der Unternehmensverwaltung – Vor- und Nachteile, BFuP 1996, 253 – 268.

Potthoff, Ericht/Trescher, Karl, Das Aufsichtsratsmitglied – Ein Handbuch der Aufgaben, Recht und Pflichten, 6. Aufl. Stuttgart 2003. (zitiert: Potthoff/Trescher, Das Aufsichtsratsmitglied, 6. Aufl. 2003)

Reichelt, Harald, Die Institution des Aufsichtsrats in der deutschen Aktiengesellschaft, Stuttgart 1998.

Reichert, Jochem/Schlitt, Michael, Konkurrenzverbot für Aufsichtsratsmitglieder, AG 1995, 241 – 254.

Reischauer, Friedrich/Kleinhans, Joachim (Hrsg.), Kreditwesengesetz – Kommentar, Berlin 2006.

Riegger, Hans-Georg, Unternehmenskontrolle, Aufsichtsratshaftung und ihre effektive Durchsetzung, Baden-Baden 2003.

Ringleb, Henrik-Michael/Kremer, Thomas/Lutter, Marcus/Werder, Axel von, Kommentar zum Deutschen Corporate Governance Kodex, 3. Aufl. München 2008.

Rode, Oliver, Der Wechsel eines Vorstandsmitglieds in den Aufsichtsrat – eine gute Corporate Governance?, BB 2006, 341 – 344.

Roth, Günter H./Altmeppen, Holger, Gesetz betreffend die Gesellschaften mit beschränkter Haftung – GmbHG, Kommentar, 5. Aufl. München 2005. (zitiert: Roth/Altmeppen, GmbHG, Kommentar, 5. Aufl. 2005)

Roth, Günter H./Wörle, Ulrike, Die Unabhängigkeit des Aufsichtsrats – Recht und Wirklichkeit, ZGR 2004, 565 – 630.

Säcker, Franz Jürgen, Rechtliche Anforderungen an die Qualifikation und Unabhängigkeit von Aufsichtsratsmitgliedern, AG 2004, 180 – 186.

Schäfer, Albrecht, Der Prüfungsausschuss – Arbeitsteilung im Aufsichtsrat, ZGR 2004, 416 – 431.

Schiessl, Maximilian, Deutsche Corporate Governance post Enron, AG 2002, 593 – 604.

Schiller, Martin, Der Deutsche Corporate Governance Kodex – Ziele, Wirkungen, Anwendungs- und Haftungsfragen, Saarbrücken 2005. (zitiert: Schiller, Der Deutsche Corporate Governance Kodex, 2005)

Schimansky, Herbert/Bunte, Hermann-Josef/Lwowski, Hans-Jürgen (Hrsg.), Bankrechts-Handbuch, 3. Aufl. München 2007.

Schneider, Uwe H. (Hrsg.), Festschrift für Marcus Lutter zum 70. Geburtstag: deutsches und europäisches Gesellschafts-, Konzern- und Kapitalmarktrecht, Köln 2000. (zitiert: FS Lutter, 2000)

Schreyögg, Georg/Werder, Axel von, Handwörterbuch Unternehmensführung und Organisation, 4. Aufl. Stuttgart 2004.

Schubert, Werner (Hrsg.), Hundert Jahre modernes Aktienrecht, Berlin 1985.

Schwalbach, Joachim, Effizienz des Aufsichtsrats, AG 2004, 186 – 190.

Schwarz, Günter Christian/Holland, Björn, Enron, WorldCom ... und die Corporate-Governance-Diskussion, ZIP 2002, 1661 – 1672.

Segna, Ulrich, Blockabstimmung und Bestellungshindernisse bei der Aufsichtsratswahl, DB 2004, 1135 – 1137.

Seibert, Ulrich, Im Blickpunkt: Der Deutsche Corporate Governance Kodex ist da, BB 2002, 581 – 584.

Seibt, Christoph H., Deutscher Corporate Governance Kodex und Entsprechens-Erklärung (§ 161 AktG-E), AG 2002, 249 - 259.

Semler, Johannes/Stengel, Arndt, Interessenkonflikte bei Aufsichtsratsmitgliedern von Aktiengesellschaften am Beispiel von Konflikten bei Übernahme, NZG 2003, 1 – 8.

Semler, Johannes/Schenck, Kersten von (Hrsg.), Arbeitshandbuch für Aufsichtsratsmitglieder, 2. Aufl. München 2004.

Semler, Johannes/Wagner, Elisabeth, Deutscher Corporate Governance Kodex – die Entsprechenserklärung und Fragen der gesellschaftsinternen Umsetzung, NZG 2003, 553 – 558.

Spindler, Gerald, Die Empfehlungen der EU für den Aufsichtsrat und ihre deutsche Umsetzung im Corporate Governance Kodex, ZIP 2005, 2033 – 2045.

Strasser, Mathias, Die Treuepflicht der Aufsichtsratsmitglieder der Aktiengesellschaft, Wien 1998.

Teichmann, Christoph, Corporate Governance in Europa, ZGR 2001, 645 – 679.

Theisen, Manuel René/Raßhofer, Martin, Wie gut ist „Gute Corporate Governance"? – Ein aktueller Praxistest, DB 2007, 1317 – 1321.

Thüsing, Gregor, Auf der Suche nach dem ius pretium der Vorstandstätigkeit, ZGR 2003, 457 – 507.

derselbe, Die Angemessenheit von Vorstandsvergütungen – Mögliche Handlungsoptionen zur Sicherstellung, DB 2003, 1612 – 1617.

Trescher Karl, Aufsichtsratshaftung zwischen Norm und Wirklichkeit, DB 1995, 661 – 665.

Ulmer, Peter, Aktienrecht im Wandel – Entwicklungslinien und Diskussionsschwerpunkte, AcP 202 (2002), 143 – 178.

Ulmer, Peter, Der Deutsche Corporate Governance Kodex – ein neues Regulierungsinstrument für börsennotierte Aktiengesellschaften, ZHR 166 (2002), 150 - 181.

Vetter, Eberhard, Der Deutsche Corporate Governance Kodex nur ein zahnloser Tiger?, NZG 2008, 121 – 126.

derselbe, Update des Deutschen Corporate Governance Kodex, BB 2005, 1689 – 1695.

Wardenbach, Frank, Interessenkonflikte und mangelnde Sachkunde als Bestellungshindernisse zum Aufsichtsrat der AG, Köln 1996.

Warschauer, Otto, Die Reorganisation des Aufsichtsratswesens in Deutschland, Berlin 1902.

Weichert, Tilman/Wenninger, Thomas, Die Neuregelung der Erkundigungs- und Aufklärungspflichten von Wertpapierdienstleistungsunternehmen gem. Art. 19 RiL 2004/39/EG (MiFID) und Finanzmarkt-Richtlinie-Umsetzungsgesetz, WM 2007, 627 – 636.

Werder, Axel von, Überwachungseffizienz und Unternehmensmitbestimmung, AG 2004, 166 – 172.

Werder, Axel von/Talaulicar, Till, Kodex Report 2006: Die Akzeptanz der Empfehlungen und Anregungen des Deutschen Corporate Governance Kodex, DB 2006, 849 – 855.

dieselben, Kodex Report 2007: Die Akzeptanz der Empfehlungen und Anregungen des Deutschen Corporate Governance Kodex, DB 2007, 869 – 875.

dieselben, Kodex Report 2008: Die Akzeptanz der Empfehlungen und Anregungen des Deutschen Corporate Governance Kodex, DB 2008, 825 – 832.

Werder, Axel von/Wieczorek, Bernd J., Anforderungen an Aufsichtsratsmitglieder und ihre Nominierung, DB 2007, 297 – 303.

Wirth, Gerhard, Anforderungsprofil und Inkompatibilitäten für Aufsichtsratsmitglieder, ZGR 2005, 327 – 347.

Rechtsprechungsverzeichnis

EUGH

EuGH, Urt. v. 13.12.1989, Rs. C-322/88, Slg. 1989, 4407 – Grimaldi.

EuGH, Urt. v. 21.1.1993, Rs. C-188/91, Slg. 1993, I-363 – Deutsche Shell.

BVerfG

BVerfG Beschl. v. 6.10.1987 – 1 BvR 1086, 1468, 1623/82, BVerfGE 77, 84.

BGH

BGH, Urt. v. 24.2.1954 – II ZR 63/53, BGHZ 12, 327.

BGH, Urt. v. 28.4.1954 - II ZR 211/53, BGHZ 13, 188 = NJW 1954, 998.

BGH, Urt. v. 08.2.1956 - IV ZR 282/55, BGHZ 20, 39 = NJW 1956, 705.

BGH, Urt. v. 8.5.1967 - II ZR 126/65, WM 1967, 679.

BGH, Urt. v. 09.11.1967 - II ZR 64/67, BGHZ 49, 30 = NJW 1968, 396.

BGH, Urt. v. 3.12.1973 - II ZR 144/72, WM 1974, 153.

BGH, Urt. v. 10.2.1977 - II ZR 79/75, WM 1977, 361.

BGH, Urt. v. 10.2.1977 - II ZR 81/76, BGHZ 68, 107 = NJW 1977, 850.

BGH, Urt. v. 04.7.1977 - II ZR 150/75, BGHZ 69, 207 = NJW 1977, 2311.

BGH, Urt. v. 7. 11. 1977 - II ZR 43/76, NJW 1978, 425.

BGH, Urt. v. 9.7.1979 - II ZR 118/77, BGHZ 75, 96 = NJW 1979, 1823.

BGH, Urt. v. 12.7.1979 - III ZR 154/77, BGHZ 75, 120 = NJW 1979, 1879.

BGH, Urt. v. 15.11.1982 – II ZR 27/82, BGHZ 85, 293.

BGH, Urt. v. 21.2.1983 - II ZR 183/82, WM 1983, 498.

BGH, Urt. v. 25.1.1984 - VIII ZR 227/82, NJW 1984, 2284.

BGH, Urt. v. 23.5.1985 - IX ZR 102/84, BGHZ 94, 380 = NJW 1985, 2250.

BGH, Urt. v. 12.6.1989 - II ZR 334/87, WM 1989, 1335.

BGH, Urt. v. 25.3.1991 - II ZR 188/89, BGHZ 114, 127 = NJW 1991, 1830.

BGH, Urt. v. 04.4.1991 - IX ZR 215/90, BGHZ 114, 150 = NJW 1991, 2828.

BGH, Urt. v. 22.6.1992 - II ZR 178/90, WM 1992, 1812.

BGH, Urt. v. 17.5.1993 - II ZR 89/92, BGHZ 122, 342 = NJW 1993, 2307.

BGH, Urt. v. 15.11.1993 - II ZR 235/92, NJW 1994, 520.

BGH, Urt. v. 21.4.1997 - II ZR 175/95, BGHZ 135, 244 = NJW 1997, 1926.

BGH, Urt. v. 9. 12. 1999 - IX ZR 129/99, NJW 2000, 1263.

BGH Urt. v. 14.6.2000 - VIII ZR 218/99, WM 2000, 2313.

BGH, Urt. v. 26.9.2000 - X ZR 94/98, WM 2000, 2447.

BGH, Urt. v. 12. 11. 2001 - II ZR 225/99, NJW 2002, 1128.

BGH, Urt. v. 29. 11. 2001 - IX ZR 278/00, NJW 2002, 1117.

OLG

BayObLG, Beschl. v. 28.3.2003 - 3 Z BR 199/02, ZIP 2003, 1194.

OLG Düsseldorf, Urt. v. 22.6.1995 - 6 U 104/94, BB 1996, 230.

OLG Frankfurt/Main, Urt. v. 21.9.2005 - 1 U 14/05, ZIP 2005, 2322.

OLG Schleswig, Urt. v. 26.4.2004 - 2 W 46/04, ZIP 2004, 1143.

OLG Schleswig, Urt. v. 19. 9. 2002 - 5 U 164/01, NZG 2003, 176.

LG

LG Augsburg, Urt. v. 24.9.2001 - 3 O 4995/00, WM 2001, 1944.

LG Bielefeld, Urt. v. 16.11.1999 - 15 O 91/98, ZIP 2000, 20.

LG Dortmund, Urt. v. 26.9.1966 - 10 O 191/66, AG 1968, 390.

LG Dortmund, Urt. v. 1.8.2001 - 20 O 143/93, nicht rechtskräftig, DB 2001, 2591.

LG Frankfurt a.M., Urt. v. 9. 3. 2004 - 3/5 O 107/03, NZG 2004, 672.

LG Hamburg, Urt. v. 16.12.1980 - 8 O 229/79, ZIP 1981, 194.

LG Hamburg, Urt. v. 11.1.1968 - 28 O 211/67, DB 1968, 302.

LG München I, Urt. v. 15. 4. 2004 - 5 HK O 10813/03, NZG 2004, 626.

LG München I, Urt. v. 09.6.2005 - 5 HK O 10136/03, AG 2005, 623.

LG München I, Urt. v. 22. 11. 2007 - 5 HK O 10614/07, NZG 2008, 150